U0384358

岩层表面裂隙扩展演化
与巷道顶板断裂机理研究

王　超　伍永平／著

四川大学出版社
SICHUAN UNIVERSITY PRESS

图书在版编目（CIP）数据

岩层表面裂隙扩展演化与巷道顶板断裂机理研究 /
王超，伍永平著 . — 成都：四川大学出版社，2024.5
（资源与环境研究丛书）
ISBN 978-7-5690-6884-9

Ⅰ . ①岩… Ⅱ . ①王… ②伍… Ⅲ . ①裂缝（岩石）－
关系－巷道压力－顶板压力－研究 Ⅳ . ① TE357 ② TD322

中国国家版本馆 CIP 数据核字（2024）第 092061 号

书　　　名：岩层表面裂隙扩展演化与巷道顶板断裂机理研究
　　　　　　Yanceng Biaomian Liexi Kuozhan Yanhua yu Xiangdao Dingban Duanlie Jili Yanjiu
著　　　者：王　超　伍永平
丛 书 名：资源与环境研究丛书

丛书策划：庞国伟　蒋　玙
选题策划：蒋　玙
责任编辑：蒋　玙
责任校对：胡晓燕
装帧设计：墨创文化
责任印制：王　炜

出版发行：四川大学出版社有限责任公司
　　　　　地址：成都市一环路南一段 24 号（610065）
　　　　　电话：（028）85408311（发行部）、85400276（总编室）
　　　　　电子邮箱：scupress@vip.163.com
　　　　　网址：https://press.scu.edu.cn
印前制作：四川胜翔数码印务设计有限公司
印刷装订：四川省平轩印务有限公司

成品尺寸：170 mm×240 mm
印　　张：10.75
字　　数：208 千字

版　　次：2024 年 5 月 第 1 版
印　　次：2024 年 5 月 第 1 次印刷
定　　价：58.00 元

扫码获取数字资源

四川大学出版社
微信公众号

前　言

　　随着现代科技的进步和安全理念及安全意识的提升，我国煤矿安全生产状况得到显著改善，煤矿事故数量也大幅减少，但顶板事故率仍相对较高。据统计，2012—2022 年全国煤矿顶板事故占煤矿事故总数的 32.8％，死亡人数占煤矿事故总死亡人数的 29.3％。我国煤炭总产量约 80％是由井工开采而产出的，巷道是形成井工开采的基本前提和必由之路，每年新掘巷道近 1.5 万千米，掘进工作面数量近 1.6 万个。在巷道掘进过程中，距掘进工作面有一段空顶区处于暂时未支护状态，这正是空顶区成为顶板事故频发区和重灾区的主要原因，而顶板岩层表面裂隙由表及里的扩展却是造成岩层断裂和岩体破裂以致冒顶的根本原因。因此，巷道顶板（尤其是空顶区）的安全仍然是影响我国煤矿建设及生产安全的关键。

　　裂隙岩体的破坏（断裂）机理及其力学特性是岩体工程诱发灾害研究中的关键科学问题，也是正确分析巷道顶板岩体（层）断裂失稳机制和合理制定巷道顶板稳定控制方案的重要理论基础。本书以含表面裂隙的巷道空顶区顶板岩层为研究对象，通过构建岩体（层）表面裂隙的几何模型，采用理论分析、室内实验和数值仿真相结合的方法，分析了岩体表面裂隙扩展模式转变的几何要素及其量化指标，揭示了岩体表面裂隙分别在单向压缩载荷条件下和三点弯曲载荷条件下的扩展机理、演化过程及强度变化规律。在此基础上，通过构建巷道顶板岩层表面裂隙的力学模型，分析了岩层表面裂隙的扩展穿层机制及岩层分离特征，揭示了表面裂隙对巷道空顶区顶板单一岩层和复合岩层的断裂模式及断裂结构的影响机制。同时提出了巷道顶板支护的新要求。

　　本书是著者多年来关于岩体表面裂隙扩展断裂机理及巷道顶板表面裂隙岩层断裂机制研究成果的总结。感谢内蒙古科技大学内蒙古自治区矿业工程重点实验室、西安科技大学教育部西部矿井开采及灾害防治重点实验室为作者开展科研工作提供的实验平台和技术支持，使得本书得以顺利完成。感谢内蒙古科技大学矿业与煤炭学院领导和同事在本书成稿过程中所给予的关心和支持！特别感谢西安科技大学能源学院与难采煤层科研团队相关专家对本书的认真审阅和宝贵建议！

本书的出版得到了国家自然科学基金地区科学基金项目"煤矿巷道顶板表面裂隙扩展演化过程及其致灾机理研究（51964037）"、国家自然科学基金重点项目"大倾角煤层长壁工作面安全高效开采基础研究（51634007）"、内蒙古自治区高等学校科学研究项目"裂隙岩层巷道顶板关键块演化及其失稳控制研究（NJZY17175）"等科研项目的资助和支持，在此表示感谢！

由于作者的水平所限，书中的缺点和不妥之处在所难免，恳请读者批评指正！

著 者

2023 年 12 月于内蒙古科技大学

目　录

第1章 绪 论

1.1 研究背景与意义

随着现代科技的进步和安全理念及安全意识的提升，我国煤矿安全生产状况得到显著改善，但煤矿顶板事故率仍相对较高。统计分析显示，2012—2022年全国煤矿顶板事故占煤矿事故总数的 32.8%，死亡人数占煤矿事故总死亡人数的 29.3%。然而，我国煤炭总产量约有 80% 是由井工开采而产出的，井筒和巷道是形成井工开采的基本前提和必由之路。受地质条件和施工装备等因素的影响，巷道掘进过程中的空顶区是顶板事故（冒顶事故）的频发区和重灾区。因此，巷道顶板（尤其是空顶区）的安全仍然是影响我国煤矿生产安全的关键。

煤系岩层的层理、节理、裂隙、断层等结构面发育，而结构面在岩体结构力学效应中占有主导地位。岩体的破坏往往始于结构面，其在微观上表现为滑动和张开，在宏观上则显现为岩层的折曲和位移。同时，煤系岩层因本身承载性能差及抵抗变形能力小，易发生离层、挠曲或断裂失稳。因此，裂隙不仅严重影响岩体强度及其结构稳定，而且是引发冒顶、冲击地压、煤与瓦斯突出、突水等灾害的根本原因。当然，裂隙岩体的力学特性更是与巷道（硐室）破坏、采场围岩破坏等灾害密不可分。

图 1.1～图 1.3 分别示出了工程岩体的表面裂隙，这些裂隙或因原生裂隙的显露而形成表面裂隙，或因开挖（或工程扰动影响）而在岩体表面产生裂隙，也可能是由于支护（维护）不力而在岩体表面形成裂隙。受地应力的持续作用或工程扰动（如掘巷施工、硐室开挖、工作面采动等）的影响，一方面，开挖后顶底岩体产生弯曲变形（顶板下沉、底板隆起），引起表面裂隙扩展至贯通，导致岩体断裂而引发冒顶（底鼓），或使岩体脱离原岩体成为散体；另

1

一方面，开挖后帮部岩体的表面裂隙产生由表及里逐步扩展，致使岩体破坏或碎裂。此外，岩体因表面裂隙扩展也可能引发锚杆和锚索等支护失效与浆体开裂。上述岩体破坏均由表面裂隙扩展而致，由其引发的灾害事故更是严重威胁人员生命和工程安全，可见，表面裂隙向岩体深部的扩展及其引发的岩体破坏是造成岩体工程安全事故的重要起因和关键所在。

（a）显性裂隙　　　　　　　　　　（b）隐性裂隙

图 1.1　巷道围岩表面的显性裂隙和隐性裂隙

目前，岩体裂纹扩展与断裂机理仍是断裂力学和岩石力学及工程领域中最重要的科学任务之一，也是研究裂隙岩体破坏（断裂）机制的理论基础。裂隙岩体的破坏（断裂）机制及其力学特性是岩体工程诱发灾害研究中的关键科学问题，对这一问题进行系统深入的研究，将有助于促进断裂力学学科和岩石力学学科的结合与发展，为正确分析和判定煤矿巷道顶板岩体（层）的断裂失稳机制奠定理论基础，进而为精准和有效控制由岩体（层）断裂失稳衍生的灾变提供科学依据与理论指导。

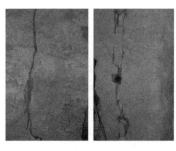　　　　　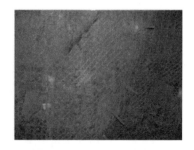

（a）巷道表面裂隙　　　　　　　　　（b）巷道围岩表面裂隙

图 1.2　因支护不当而形成于巷道表面的裂隙

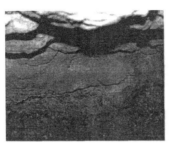

图 1.3　地下硐室围岩表面裂隙

1.2　研究现状与发展动态

1.2.1　裂隙扩展准则研究

自断裂力学学科问世以来，岩体裂隙（纹）扩展机制一直是诸多专家和学者们关注的焦点之一，国内外学者为此开展了大量基础性和开创性研究工作。早在 1913 年，Inglis 首次证明了含椭圆孔平板在拉应力作用下存在应力集中现象。1920 年，Griffith 基于能量平衡原理给出了含裂纹试件的起裂应力。1956 年，Irwin 应用 Westergaard 应力函数求解了双向拉伸条件下带穿透裂纹的空间大平板的应力问题，提出了应力强度因子 K 的概念，随后又在此基础上提出了断裂韧性的概念，并于 1962 年给出了拉伸载荷作用下裂纹应力强度因子的精确解，建立了断裂韧性的试验技术，从而奠定了线弹性断裂力学的基础。1963 年，Erdogan 与薛昌明通过试验发现裂纹起始扩展方向（约 70°）与裂隙尖端最大周向拉应力方向（70.5°）十分接近，由此提出了裂纹扩展的最大周向拉应力准则。Brace 和 Bombolakis 提出了二维裂纹扩展的滑移开裂模型，之后，Bombolakis 将其应用于单轴压缩时的相邻裂纹的扩展问题。1978 年，Palaniswamy 和 Knauss 提出了等效拉应力判据，当裂隙尖端的第一主应力等于材料的抗拉强度时开始扩展，扩展方向为第一主应力的作用方向。1981 年，Chang 提出了最大周向拉应变准则，他认为环向拉应变达到最大值时的方向即为裂纹的扩展方向。1982 年，北京航空学院的汪懋骅提出了最大拉应变准则，他认为 ε_1 的最大值方向即为裂纹分枝扩展方向。2000 年，Bobet 通过对预制裂隙石膏模型进行压剪试验发现了剪切裂纹，剪切裂纹靠近原裂纹面方向，并用 Abaqus 数值计算发现剪切断裂接近某个径向剪应力的极值方向，由此提出最大径向剪应力准则。

综上所述，国内外学者采用理论分析、物理试验和数值模拟等多种手段探索了各种载荷形式下裂纹的扩展准则，基于这些准则，学者们开展了各类脆性材料的裂隙（纹）扩展模式、裂纹扩展方向及起裂载荷等方面的研究，这些已有的裂纹扩展准则和研究成果为本书的研究奠定了坚实的理论基础。

1.2.2　压缩载荷下岩体裂隙扩展机制与断裂特征研究

在地下工程中，裂隙岩体常常因承受较大的压应力而引起裂隙扩展，以致岩体破坏或碎裂，进而影响岩体工程的稳定，因此，国内外学者就裂隙岩体在压缩载荷下的扩展及断裂进行了广泛的研究。1971 年，Lajtai 发现预制裂隙熟石膏在单轴压缩破坏过程中均产生翼型裂纹和剪切裂纹。1980 年，Ingraffea 和 Heaze 提出了用于预测受压岩石结构中离散裂纹扩展的有限元模型，该模型能准确预测实验观察到的稳定和不稳定裂缝发育。1990 年，Liaw 提出了混凝土断裂过程区（FPZ）的组合裂纹闭合剪切传递模型。随后，Walter 将断裂过程区（FPZ）的概念发展为界面过程区。1991 年，Reyes 和 Einstein 研究发现单轴压缩下裂纹尖端可能产生翼型裂纹和次生裂纹。1994 年，王桂尧等通过研究大理岩的 Ⅱ 型扩展得出岩石有 Ⅰ 型、Ⅰ－Ⅱ 复合型及 Ⅱ 型三种断裂形式。1995 年，李通林等利用 Barenblatt 内聚力模型研究了裂尖内聚力和裂面摩擦力对裂纹扩展的阻尼作用。1998 年，朱维申等用相似材料模拟试验研究了双轴压缩下闭合雁形裂隙的起裂、扩展和岩桥的贯穿机理。2000 年，唐春安等运用 RFPA^{2D} 模拟分析了岩石试样中预置的倾斜裂纹扩展过程，认为岩石的非均匀性对含裂纹试样的变形、破裂过程及其破坏模式有很大影响。2002 年，汤连生等研究认为单向压缩条件下裂纹面逐渐向平行于荷载方向扩展。2003 年，郭少华对含有内部倾斜裂纹的石膏板试件进行了双轴压缩实验。黄凯珠等利用预制半圆形三维表面裂纹的有机玻璃研究了裂纹的扩展机制。2007 年，Sugawara 等研究认为岩石在压缩载荷下的断裂是由岩石中的亚临界裂纹扩展引起的。郭彦双等利用含张开型表面裂隙辉长岩试样研究了单轴压缩荷载下裂隙的扩展模式，结果表明：预制裂隙以反翼型裂纹（其扩展方向与翼型裂纹方向相反）的破坏模式为主，且新生裂纹不沿预制裂隙端部起裂。黄明利等采用物理试验和数值模拟研究了双轴压缩下不同几何分布和不同围压的断续预置三裂纹的萌生、扩展和贯通机制。2009 年，Wong 和 Einstein 通过高速摄像机观察到沿裂尖扩展的张裂纹和剪裂纹，并将加载过程中所有可能出现的裂纹分为七种类型（图 1.4），其中包括三种张裂纹、三种剪裂纹和混合型裂纹，混合型裂纹是指首先在裂隙尖端产生剪裂纹，然后在较远的位置出现张裂纹。2011 年，王国艳等采用 RFPA 软件研究了初始裂隙几何要素（裂隙长度、无偏置双裂隙的水平间距和竖直间距）对岩石裂隙扩展演化的影响。2012 年，Hou 等系统地研究了弯曲板中半椭圆表面裂纹的扩展。黎立云等对岩石三维表面裂纹进行双轴压缩试验，发现三维表面裂纹的翼型扩展一般都先于反向裂纹，反向裂纹最先在远离裂纹尖端区域出现，而后快速与原裂纹尖端汇合。肖桃李等认为单裂隙在三轴压缩下既有Ⅰ型和Ⅱ型裂纹产生，又有Ⅲ型裂纹的扩展。蒲成志等利用伺服控制单轴加载试验机对含 2 条贯通裂隙的类岩石试件进行了压缩试验。2013 年，赵延林等对有序多裂纹的类岩石材料体进行了单向压缩试验，结果表明：有序多裂纹体破断模式主要为排间翼型拉裂纹贯通、排间拉伸－剪切裂纹贯通和排内倾斜剪切裂纹贯通。2014 年，Yin 和 Wong 等研究了两个平行的三维表面裂纹的花岗岩试件在单轴压缩下的合并机理。刘学伟等对含预制裂隙石膏试样进行双轴压缩试验发现其破坏形式主要包括初始裂隙起裂破坏、侧向劈裂破坏和表面剥落破坏。2015 年，王蒙等认为裂隙倾角越小，越容易形成脱落性破坏。2016 年，陈佃浩等研究了单轴压缩载荷条件下含不同张开度表面裂隙的红砂岩试件的裂纹扩展模式，结果表明：张开度对表面裂隙扩展的影响不明显，且表面裂隙的存在减小了岩石的峰值强度、峰值应变与弹性模量。2018 年，张科等研究发现岩体压剪破碎特征与裂隙几何特征、应力状态以及断裂特征密切相关。邹春海等研究了分别含单条、两条和三条裂隙的类岩体材料的裂纹扩展模式。魏玉寒等利用 Abaqus 软件的扩展有限元法（XFEM）对不同倾角的半椭圆形表面裂纹岩体进行了数值模拟研究。2019 年，左建平等根据裂纹轴向应变的演化特征，将围压作用下岩石的差应力－应变曲线分为线弹性、裂纹扩展和峰后三个阶段。2020 年，赵洪宝等研究了局部荷载下原煤与型煤试样表面裂纹的演化规律。2022 年，安冬等对含裂隙的砂泥岩进行了单轴压缩试验，发现裂纹贯通路径近似呈"阶梯状"。2023 年，宋孝天等利用 Abaqus 扩展有限元法分析了裂隙几何参数（长度、倾角、中心距、排距、数量）、强度参数（裂隙面摩擦因数）、变形参数（裂隙面法向刚度及切向刚度）以及围压对裂纹扩展路径和岩石力学特性的影响。

综上所述，国内外学者对压缩载荷下岩体裂隙扩展机制、扩展裂纹的成因及类型、裂隙岩体的破断特征、多裂纹岩体的扩展及破坏模式、三维表面裂隙的扩展机制、裂隙岩体的强度和变形特征等方面进行了大量探索和研究，也有一些学者考虑裂隙几何参数、围压、摩擦系数等因素对裂隙扩展行为与路径的影响。然而，涉及表面裂隙贯通率对岩体裂隙扩展的影响机制，及其对岩体强度的影响规律等方面的研究尚不多见，有关研究多集中于对实验现象的描述，缺少量化表征。因而，压缩载荷下岩体裂隙的扩展（断裂）模式及强度损伤与裂隙贯通率之间的关系还有待深入研究。

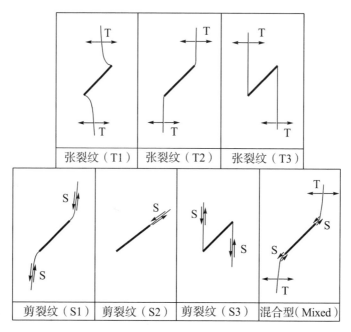

图 1.4　单轴压缩载荷下沿裂尖扩展的裂纹类型

1.2.3　三点弯曲载荷下岩体裂隙扩展机制与断裂特征研究

对于三点弯曲载荷下岩体裂隙的扩展及断裂机制，学者们同样进行了大量而有益的研究。1961 年，Williams 考虑弯曲载荷引起的裂纹点周围的应力时，首先发现应力在距离裂纹点的距离上具有平方根逆奇异性的特征。1997 年，金丰年等利用有限元计算方法分析了三点弯曲蠕变试验条件下裂缝的扩展过程。2002 年，朱万成等用 RFPA 模拟分析偏三点弯曲岩石试样中裂纹扩展时发现，预裂纹远离试件中心线时其初裂角增加。2007 年，黄明利等用 RFPA模拟了含偏置裂纹三点弯曲梁在动载荷作用下的破坏过程。2008 年，赵吉坤等认为大理岩的非均匀性影响裂纹萌生的部位及其局部的扩展路径，且裂纹局部扩展呈现曲折性。宁小亮等对不同跨高比花岗岩梁进行了三点弯曲实验，结果表明：当跨高比大于 2 时，岩梁产生拉伸破坏；当跨高比小于 2 时，岩梁产生剪切破坏。2013 年，Aliha 利用广义最大切向应力（GMTS）准则获得了裂纹萌生方向和裂纹扩展路径，且与实验断裂路径吻合良好。左建平等通过含偏置缺口的玄武岩试件的三点弯曲加载试验得到岩石的位移－荷载曲线大致经历上凹段、线性段和非线性破坏三个阶段。2016 年，周杨一和冯夏庭等对含弱面灰岩试样进行三点弯曲试验和理论分析，结果表明：薄层灰岩既可能产生垂直层理的 Ⅰ 型裂纹，又可能在弱面产生转折并沿其扩展形成断续裂纹，还会产生斜交层理的复合型裂纹。薄岩层中的裂纹扩展路径主要由层面拉、剪强度与岩石抗拉强度的相对大小决定。2018 年，唐静对含有不同界面强度的裂纹间距与岩层厚度之比（S/T）的层状岩体试件进行了三点弯曲试验，结果显示：当界面强度较低时，随 S/T 比值的增大，裂纹绕裂隙间距向上部岩层扩展；当界面强度较高时，裂纹会随 S/T 比值的增大直接穿透界面层或发生偏折现象；当界面强度介于两者之间时，裂纹会随 S/T 比值的增大穿透中间层；裂纹在层状岩体扩展中的荷载－位移曲线出现多峰现象。2019 年，丁永政等采用颗粒流程序 PFC 模拟了不同预置裂隙位置和长度条件下三点弯曲梁的破坏过程。韩伟歌等利用 Abaqus 模拟软件研究了三点弯曲条件下层理面强度对裂纹扩展过程的影响。李斌对具有不同层理倾角的半圆形试样进行了三点弯曲试验，用数值软件 Abaqus 中的黏聚单元模型模拟分析了不同层理强度及层理间距对试样断裂特性的影响。2020 年，张会仙以三点弯曲加载方式研究了水平层理灰岩裂隙的发展与扩展规律，最终破坏时的贯通裂缝多位于试件中部，裂纹扩展路径包括垂直层理扩展、裂纹沿层理偏转扩展和裂纹斜交层理扩展；其荷载－位移曲线呈平缓上凹形，大致可划分为微裂隙压密、裂隙扩展、裂隙贯通三个阶段。2021 年，卢浩等利用扫描电镜（SEM）分析了三点弯曲载荷下岩石的破坏过程。何兴研究认为，层理面具有抑制裂纹扩展的作用，当层间黏结强度由高到低变化时，裂纹形态将由“直线状”向“阶梯状”转变。2022 年，Liu Yang 等研究了砂岩－泥岩互层岩体的三点弯曲断裂特征，结果表明：具有多重脆性的软硬互层岩层 SHIRLs 试样的载荷－位移曲线显示出重复的脆性断裂过程和多峰特征，主裂纹从底部坚硬岩层开始，并从底部向顶部扩展贯通整个 SHIRLs 试样，层理裂纹相对较少；具有柔性的 SHIRLs 试样的载荷－位移曲线表现出柔性破坏过程，并在初始阶段具有显著的塑性变形段，主裂纹首先在顶部坚硬岩石中萌生，并产生顺层裂纹。2023 年，Fan Zi-dong 和 Xie He-ping 等对龙马溪页岩进行了一系列三点弯曲断裂试验，结果表明：当层理角小于或等于 60°时，裂纹倾向于沿层理面偏转，其他情况下在页岩基质内传播，此时也可能发生轻微偏转。

综上所述，在三点弯曲载荷条件下，学者们研究了裂隙几何参数（包括裂隙位置、长度、间距、倾角等）、层理几何参数（包括层理间距、倾角等）、层理黏结强度、岩体强度、岩性组合、试样尺寸等因素对岩体裂隙扩展及断裂的影响规律。然而，在研究裂隙几何参数对岩体裂隙扩展的影响时，并未考虑裂隙几何参数之间的关系，多集中于对部分几何参数正交组合的试验现象进行分析和解释。而且，表面裂隙对岩层破断失稳的影响机制，以及复合岩层表面裂隙的穿层扩展、层间错动（层间分离）、断裂块体的相互作用关系等力学机制仍不清楚。因此，三点弯曲载荷条件下表面裂隙几何参数的内在关系及其对岩体裂隙的扩展机制与断裂特征的影响仍需进一步深入研究。

1.2.4 巷道顶板岩层破断机制研究

巷道开挖后引起围岩应力重新分布，导致围岩变形，造成巷道顶板各岩层间可能发生离层。离层是巷道顶板岩层变形过程中一种常见的力学现象，也是层状顶板破坏和失稳的主要原因之一。受离层影响，巷道顶板岩层的力学性能和结构稳定性大幅降低，这有利于巷道顶板朝着破断（坏）方向发展，同时也加速了它的破坏进程。长期以来，学者们采用各种方法研究了多种条件下巷道顶板岩层的破断问题。1990 年，平寿康等通过分析认为巷道顶板断裂是由岩层弯曲变形时微观转动的不协调引起的。何国光研究发现巷道空顶区顶板冒落是由裂隙和离层的不断发展而致。1996 年，侯朝炯等研究认为巷道两帮的较大下沉致使巷道顶板产生离层和破断。1999 年，杨双锁等根据最大拉应力准则提出了岩层破断位置的确定方法。2000 年，鞠文君提出了广义顶板离层的概念，其内涵除包括一般意义的"顶板离层"外，还包括顶板岩层的弹塑性变形、扩容变形、碎胀变形、折曲变形等。2001 年，柏建彪等分析了复合顶板极软煤层巷道的破坏机制，认为强烈的两帮移近、片帮及整体下沉导致复合顶板下沉而产生离层破坏。杨建辉等基于两端分别为固支和简支的薄板模型对层状顶板进行了研究，认为层状顶板破坏的临界应力由厚跨比及边界条件决定。2002 年，何满潮等根据现场调查认为，工字钢架棚背板难以充填严实是造成顶板离层的原因，进而致使支架产生大变形和整体移动。苏仲杰基于薄板理论研究了顶板各岩层之间的离层。2004 年，张农等研究发现，在相同或相近的受力条件下，由于顶板煤岩层的岩性差别及弱面的存在，下位岩层的弯曲变形大而产生不协调的离层变形，甚至会产生顶板垮冒。康天合等研究认为，巷道开挖后没有垂直层理方向的有效约束将引起顶板发生离层或滑移。
Hebblewhite等研究发现在锚杆锚固层内和锚固层外均可能产生离层现象。
2005年，陆庭侃等研究了顶板离层发生的地质和力学条件。邸进海研究认为
复合顶板中各分层挠度的差异是顶板中出现离层的根本原因。顾铁凤等应用关
键块体理论得到了巷道顶板岩体"楔形块体"和"六面体块体"的失稳准则。
2006年，曾佑富和伍永平等研究了复杂条件下大断面巷道顶板冒落失稳机理，
认为巷道顶板先离层、下沉、冒落，继而引发两帮内鼓等现象。谭云亮等基于
弹性梁结构模型提出了顶板产生离层的条件。李东印等从力学角度出发推导出
复合顶板变形的力学方程。2008年，杨峰等研究认为复合顶板容易出现顶板
离层是拉应力作用而致。2009年，马念杰等以层状复合岩梁为基础，研究了
铰接岩梁的稳定性以及软弱夹层的厚度、位置对顶板稳定性的影响，推导出岩
层厚度与稳定跨距的关系。2010年，贠东风等通过现场监测得出巷道新掘出
后20m内顶板离层量最大。2012年，吴德义等分析了原岩应力、巷道宽度、
复合顶板岩性及厚度、结构面黏结力和内摩擦角等因素对巷道复合顶板离层的
影响。王琦和李术才等基于M−C（Mohr−Coulomb）破坏准则分析了不同顶
板压力、支护强度、跨高比等条件下断层区煤巷顶板的破断机制。2013年，
韦四江和勾攀峰研究发现，随侧向应力增大，顶板锚固范围内外岩层均出现离
层。2016年，蒋力帅等提出了巷道顶板的弹性基础悬梁模型，并得到了巷道
顶板的弯矩和挠度表达式及其分布规律。2017年，王辉等基于多软弱夹层条
件下的巷道复合顶板力学模型得到了离层破坏的机理及判据。丁书学依据巷道
顶板含软弱夹层组合梁力学模型分析了组合梁破坏失稳模式。2018年，赵启
峰和张农等研究了大断面巷道顶板离层失稳机制，认为巷道顶板离层可划分为
渐变趋稳型和突变致灾型。于辉等基于薄板模型得到了巷道顶板岩层四边简支
和两对边固支条件下最大弯矩的理论解，并建立了顶板岩层的最大拉应力方
程。2019年，王茂盛研究认为巷道宽度、侧压系数和分层厚度对复合顶板离
层变形影响显著。2020年，王京滨基于水平层状顶板等效分析模型给出了顶
板整体失稳破坏的力学判据。2021年，贾后省等认为离层发生需具备存在明
显的软弱夹层和软弱夹层处于围岩塑性破坏影响区范围内两个条件。彭杨皓研
究了深部厚煤层沿底巷道顶板变形破坏问题，认为顶板破断三铰拱结构是顶板
弯曲破断与失稳冒落之间的过渡阶段，主要发生滑落失稳和变形失稳。2022
年，王同旭等应用叠层梁理论分析了高跨比对复合顶板力学模型的影响，认为
当高跨比小于1/3时，复合顶板应视为非共同曲率叠层梁；当高跨比大于1/3
时，应视为共同曲率叠层梁；当层间黏结力未破坏时，应视为整体梁。姚强岭

等建立了煤系巷道顶板叠加梁力学模型，分析得出当岩梁具有足够厚度承载应力时，其内部不发生失稳；而当峰值拉应力超出其强度极限时，岩梁由底部开始发生失稳，厚度逐渐减小，且破坏位置向中性轴靠近。当厚度减小至一定程度时，底层岩梁挠度快速增加，并破坏至完全垮落。贾后省等基于断裂力学的 K 准则分析了巷道顶板软弱夹层的下位坚硬岩层断裂及稳定条件。

虽然一些学者在研究巷道顶板破断机制的过程中可能已经考虑裂隙对岩体和巷道围岩的影响，但针对表面裂隙影响下巷道围岩（尤其是顶板）的破坏机理及其稳定性方面的研究少有涉及。表 1.1 统计了表面裂隙对巷道围岩稳定性的影响。现有文献就表面裂隙对巷道围岩的影响机制进行了定性描述，少见定量表征方面的报道。

表 1.1　表面裂隙对巷道围岩稳定性的影响

序号	矿名	巷道位置及埋深	岩层特征与裂隙情况	巷道破坏描述
1	小康矿	中部车场，552m	直接顶油母页岩均厚 40m；顶煤厚 4~5m。裂隙间距 0.14~0.16m	冒顶高度 1.0~1.5m，最大超过 3~4m
2	禾草沟煤矿	50204 胶运顺槽，301m	直接顶油页岩均厚 11.79m；基本顶细粒砂岩均厚 12.17m；直接底泥质粉砂岩均厚 3.43m；老底中粒砂岩均厚 23.84m。层理发育	支护不当引起巷道表面裂隙向深部发展，导致巷道整体变形
3	杨家村煤矿	5-1$_上$煤层 1#探巷，150m	直接顶砂质泥岩均厚 9.71m；基本顶粉砂岩均厚 7.43m；直接底砂质泥岩均厚 8.35m；老底粉砂岩均厚 9.76m。表面裂隙发育，顶板 0.0~1.5m 纵向裂隙发育，4.0m 以内无裂隙	顶板下沉和垮落变形，锚杆和锚索出现破断和扭曲变形，锚网撕裂变形严重，局部顶煤悬顶和漏顶
4	赛尔四矿	B903 切眼，600m	直接顶泥岩均厚 21.5m，节理、裂隙发育；底板泥岩均厚 10.4m	表面裂隙向深部非对称渐进扩展，浅部离层、非对称冒落失稳
5	鲍店煤矿	7302 工作面辅运巷，435m	直接顶粉砂岩厚 4m，底板粉砂岩厚 4m	顶煤裂隙渐进向深部发育，形成破碎网兜
6	唐阳煤矿	2312 工作面皮带顺槽，720m	直接顶细粒砂岩厚 3m；顶煤厚 3m；顶板 1m 内裂隙发育程度较高，2~3m 内次之	锚杆支护效果较差，浅部顶板围岩形成塑性破碎区

序号	矿名	巷道位置及埋深	岩层特征与裂隙情况	巷道破坏描述
7	九龙矿	207 工作面回风巷，600m	顶板细砂岩均厚 0.3m，其上岩层厚 0.28m。表面裂隙间距 0.8m	冒落高度 5m，走向长度 7m
8	万年矿	13274 工作面回风巷	顶板岩层均厚 0.09m。表面裂隙发育，平均间距 0.011m	顶板冒落成块体，整修时冒高达 2m
9	永聚煤业	10102 工作面回撤巷，350m	顶板石灰岩均厚 12.79m。表面裂隙发育	顶板形成大空洞，锚杆锚索难以抑制冒落
10	顾桥矿	1161 工作面运输巷，710m	直接顶砂质泥岩厚 3.2m，基本顶细砂岩厚 5.15m，直接底黏土岩厚 9.15m	表面裂隙向岩体深部扩展致顶板冒落

综上所述，学者们从岩体的物理与力学特性、岩层的几何厚度与组合特征、裂隙分布与夹层位置及数量、支护方法与支架形式、巷道断面与跨度等方面研究了巷道顶板岩层破断的外在形式与内在机制，建立并形成了一系列有关巷道顶板破断的力学机制与结构特征方面的理论，这些均为指导巷道顶板支护设计和制定维护方法提供了强有力的理论支撑。当前，学者们普遍认为开挖后巷道顶板岩层将经历变形、离层、断裂和冒落四个阶段或过程，而且裂隙的扩展及贯通与上述过程密不可分。虽然学者们也考虑了裂隙对巷道顶板破断的影响，但限于裂隙分布的随机性和裂隙几何特征的复杂性，当前研究仍多集中于裂隙对岩体强度的损伤和力学参数的改变，以及深埋裂隙和贯通裂隙对巷道顶板岩层失稳机制及断裂结构的影响等方面。然而，涉及表面裂隙对巷道顶板岩层离层和破断影响方面的研究少见报道。因此，表面裂隙对岩体断裂的影响机理以及表面裂隙对巷道顶板岩层破断的影响机制还需进一步探索和研究。

1.3　主要研究内容与方法

结合国家自然科学基金项目"煤矿巷道顶板表面裂隙扩展演化过程及其致灾机理研究"（51964037）的研究目标，拟采用理论分析、室内实验和数值仿真相结合的方法开展岩层表面裂隙扩展演化及巷道顶板断裂机理的研究。本书研究的具体内容包括以下方面：

（1）岩体表面裂隙的几何模型及其表征。

统计分析深厚比和裂隙倾角等因素对岩体表面裂隙扩展特征的影响规律，并采用 Abaqus 中扩展有限元（XFEM）模拟分析不同深厚比和裂隙倾角条件下岩体表面裂隙的扩展特征，提出岩体裂隙分类的量化指标，建立岩体表面裂隙的几何模型，确立裂隙长度、倾角和位置（偏置系数）与贯通率之间的关系式，为后续的研究奠定基础。

（2）岩体表面裂隙扩展的理论研究。

分别建立压缩载荷条件下和三点弯曲载荷条件下岩体表面裂隙的应力强度因子与贯通率、裂隙倾角和偏置系数等参数的关系式。应用最大周向拉应变（应力）扩展准则和最大径向剪应变（应力）扩展准则分别解算出两类载荷条件下岩体表面裂隙扩展的初裂角、起裂载荷和裂纹扩展区半径。同时，基于等效模型法给出裂隙扩展路径的量化式及其计算流程。为判定岩体表面裂隙的扩展和预测其扩展方向（路径）提供理论支撑。

（3）岩体表面裂隙扩展及断裂的试验研究。

采用相似模拟方法制作表面裂隙岩体，分别对其进行单轴压缩加载和三点弯曲加载试验，获得表面裂隙岩体的破坏模式、裂纹扩展路径和强度变化规律，并与理论预测的初裂角、断裂角以及裂纹扩展路径对比分析，验证理论的可靠性，为研究岩层表面裂隙的扩展及断裂提供正确的基础理论。

（4）巷道顶板表面裂隙岩层的力学模型及其受力转换。

利用关键层理论和松动圈理论对巷道空顶区顶板岩层进行分区，建立巷道顶板表面裂隙岩层的力学模型。基于巷道围岩破坏理论和极限平衡原理提出巷道顶板的"梁"结构转换条件，在此基础上，采用叠加原理和"梁"的弯曲理论分析表面裂隙岩层载荷等效替换的可行性，为研究巷道顶板表面裂隙岩层断裂与失稳的机理奠定基础。

（5）表面裂隙岩层的断裂机理。

利用断裂力学和材料力学等理论揭示三类载荷（压缩载荷、重力载荷和复合载荷）条件下表面裂隙和岩层破断的内在关系，并给出了相应载荷条件下巷道顶板表面裂隙单一岩层破断的判定条件。基于 M－C 准则和 R－P（Renshaw－Pollard）准则建立巷道顶板复合岩层表面裂隙的裂纹扩展穿层、跨层偏折、层间错动与分离的力学条件。同时，采用室内实验和 Abaqus 数值仿真相结合的方法分析硬软软（HSS）、软软硬（SSH）和软硬软（SHS）三类表面裂隙复合岩层的裂纹扩展、层间错动、岩层断裂特征、断裂块体的相互作用关系及其结构类型，并提出巷道空顶区顶板的稳定结构及其类型。

1.4 技术路线

本书以材料力学、断裂力学、岩石力学等为基础，采用理论分析、室内实验和数值仿真相结合的研究方法开展研究。技术路线如图 1.5 所示。

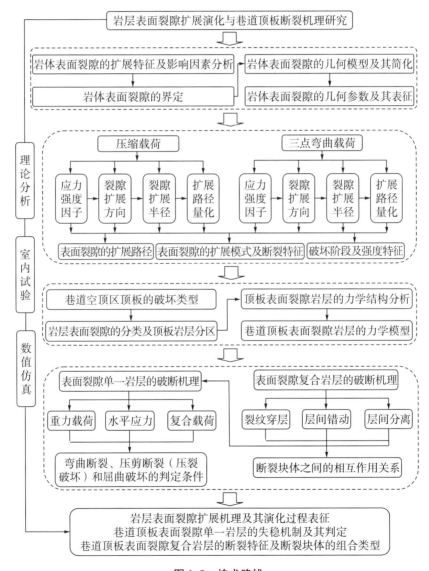

图 1.5 技术路线

第 2 章　岩层表面裂隙的几何模型及其表征

裂隙不仅影响岩体的力学强度和破断模式，还可能控制岩体工程结构的稳定，这与裂隙的赋存特征、几何参数及分布特征密切相关。按赋存特征可将裂隙分为表面裂隙、贯穿裂隙和深埋裂隙。其中，表面裂隙虽然赋存于岩体的表面或岩体的浅部，也易于发现和探测，但对于复杂的地下工程（包括巷道、硐室等）环境中的岩体表面裂隙却缺少有力的关注，且易淡化或忽视其影响。表面裂隙本质上属于三维裂隙，岩体表面裂隙的扩展形态及断裂特征较二维裂隙复杂得多，而表面裂隙的几何特征对此方面的影响则相对突出。这造成相关扩展准则直接用于表面裂隙岩体断裂及其工程结构失稳方面研究的困难，为便于理论分析和应用，常将复杂的空间问题（三维状态）转化（或简化）为相对简单的平面问题（二维状态）。基于上述研究思路和分析方法，考虑在不影响岩体破断模式或其影响相对不突出的情况下，能否从其扩展特征上将三维表面裂隙视为二维裂隙，以及如何对其几何特征进行量化表征就成为首要思考和解决的问题。基于此，才能更有利地对岩体表面裂隙扩展演化过程及其破断机理进行理论研究。

2.1　岩体裂隙（纹）概述

2.1.1　岩体裂隙与裂纹的界定

天然岩体可能含有节理、裂隙和裂缝等不同类型的不连续性原生结构面，在外载或工程扰动力（如工作面回采、巷道开挖、爆破等）作用下，这些原生结构面会扩展和贯通，从而影响岩体的承载能力和稳定性。同样，在工程扰动力作用下，不含原生结构面的完整岩石中也可能产生裂隙（即新生于原完整煤岩体的裂隙，暂称之为工程扰动裂隙），也会因新生裂隙的扩展和贯通而引起岩体破坏或失稳。

虽然原生结构面和工程扰动裂隙在多数情况下并未完全导致岩体丧失强度（或承载能力），但随着应力状态（或应力环境）的改变，岩体可能受外载的突然及持续作用或多次工程扰动影响而引发裂隙起裂与扩展，最终导致岩体破裂或岩体工程结构失稳。为便于表述原生结构面和工程扰动裂隙由原状态至扩展（贯通）的这一变化和过程，本书将岩体中天然存在的节理、裂隙和裂缝等原生结构面，以及受工程扰动影响而在岩体中所萌生的裂隙（即工程扰动裂隙）等统称为裂隙。由上述裂隙（包括原生结构面和工程扰动裂隙）的扩展而形成或衍生的新破裂面称为裂纹。裂隙和裂纹的这一界定同样适用于之后所定义的等效裂隙。

在本书撰写过程中，教材、著作和本书引用文献等所提及的有关裂隙和裂纹的表述遵照原文写出。特别地，在进行理论分析时，本书所指裂隙与断裂力学中所定义的裂纹同义。

2.1.2　岩体裂纹的分类

（1）按岩体裂纹的几何特征分类。

根据裂纹在实际岩体中的位置可以分为贯穿裂纹、表面裂纹、深埋裂纹，见表 2.1。本书所指裂隙的分类与其一致。

表 2.1　按岩体裂纹的几何特征分类

类别	定义	几何表征	立体模型图示	平面模型图示	简化模型图示
贯穿裂纹	裂纹贯穿整个岩体厚度，或延伸到岩体厚度一半以上	裂尖曲率半径趋近于零，贯穿裂纹可简化为直线、曲线等		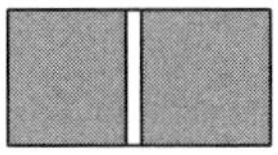	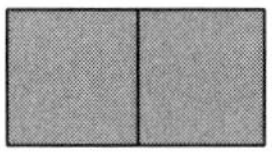
表面裂纹	裂纹位于岩体表面，或裂纹深度相对岩体厚度较小	可简化为半椭圆形裂纹或直线形裂纹	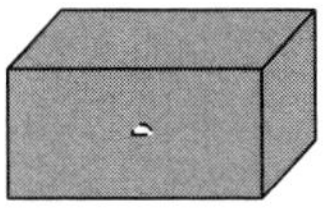		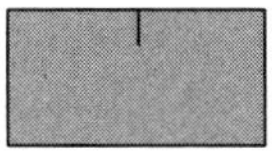

类别	定义	几何表征	立体模型图示	平面模型图示	简化模型图示
深埋裂纹	裂纹位于岩体内部	常简化为椭圆片状裂纹或圆片状裂纹	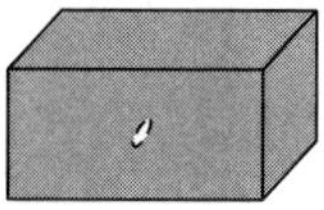		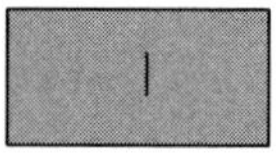

（2）按岩体裂纹的受力及破坏特征分类。

Irwin 根据岩体裂纹的受力及破坏特征将其划分为Ⅰ型、Ⅱ型和Ⅲ型，见表 2.2。

表 2.2　按岩体裂纹的受力及破坏特征分类

类别	Ⅰ型	Ⅱ型	Ⅲ型
受力特征	裂纹岩体受外加拉应力作用，并且拉应力垂直于裂纹扩展的前缘	裂纹岩体受外加剪应力作用，剪应力平行于裂纹延展面，而垂直于裂纹扩展的前缘	裂纹岩体受外加剪应力作用，剪应力既平行于裂纹延展面，又平行于裂纹扩展的前缘
破坏特征	原裂纹面沿着作用力方向张开，裂纹沿着原裂纹开裂方向扩展	原裂纹面沿着平面方向滑移，裂纹会沿原裂纹面方向或偏离裂纹延展方向一定角度开裂	原裂纹面会发生错开，裂纹基本沿原裂纹开裂方向扩展
力学图示		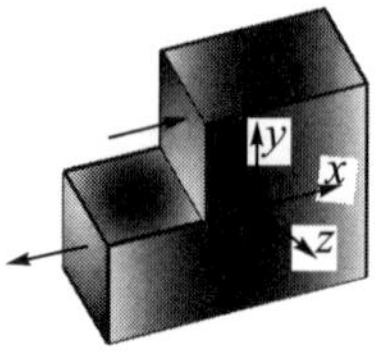	

2.1.3　岩体表面裂隙的几何模型

表面裂隙本质上属于三维裂隙，其裂隙面是一个复杂曲面，其形状也是极其不规则的，若沿垂直于裂隙面方向将其切开，裂隙迹线也是一条不规则的曲线，目前难以用精确的几何学和数学进行定量表征。然而，影响裂隙扩展与否的关键是裂尖附近区域的应力状态及其大小，这与作用于裂隙面上的应力状态和大小密切相关。裂隙面的几何形态影响外载荷在裂隙面上的应力分布和大小，裂尖的几何形态影响裂隙扩展的难易程度和扩展方向。因此，要进行裂隙岩体扩展与断裂方面的研究，首先要对裂隙的几何形态进行必要的简化。建立如图 2.1 所示的岩体表面裂隙的几何模型，根据 Ayhan 的研究可知，表面裂隙的自由表面附近的应力强度因子 K_I 大于最前缘处，而随 α 角的增大而减小（$\alpha = 0°$ 时为最大值）。由此可见，$\alpha = 0°$ 时裂隙最易沿岩体的表面扩展（即图 2.1 中的 y 方向），对地下空间围岩稳定性的影响也更为显著。所以，本书主要研究 $\alpha = 0°$ 时表面裂隙对岩体断裂的影响。

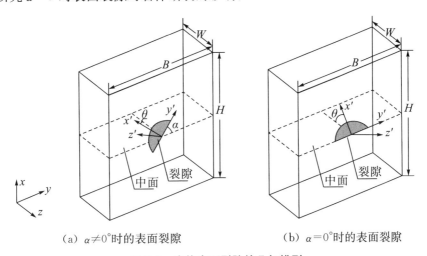

（a）$\alpha \neq 0°$ 时的表面裂隙　　　　（b）$\alpha = 0°$ 时的表面裂隙

图 2.1　岩体表面裂隙的几何模型

2.2　表面裂隙几何特征对其扩展的影响分析

2.2.1　贯通性对岩体表面裂隙扩展的影响

岩体表面裂隙的贯通性具有显著的方向性，并且与岩体的三维尺度直接相关。如图 2.2 所示，在 xy 平面上，表面裂隙沿 y 方向上的长度与岩体在 y 方向上的长度之比表征了表面裂隙沿 y 方向的贯通程度；在 xz 平面上，表面裂隙沿 z 方向上的长度与岩体在 z 方向上的厚度之比表征了表面裂隙沿 z 方向的贯通程度。若表面裂隙赋存于地下开挖空间周围岩体，前者为裂隙在岩体表面上的贯通程度，会影响开挖空间围岩失稳的广度（即裂隙沿岩体表面延伸的相对长度）；后者主要是确定研究区域内裂隙在岩体深部（或厚度方向上）的贯通程度，会影响开挖空间围岩破坏的深度（即裂隙由表面向岩体深部延伸的相对深度）。不难看出，表面裂隙沿 z 方向的贯通程度随着剖面位置的不同而异，且沿该方向上的贯通程度即为室内试验条件下岩体裂隙的深厚比 d/t（即裂隙面延伸的长度和岩体厚度之比）。可以肯定，裂隙的深厚比或贯通性均会对岩体的强度、断裂以及岩体工程结构稳定性等产生不同程度的影响，甚至起决定作用。

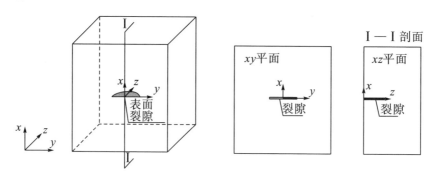

图 2.2　表面裂隙贯通率的示意

目前，多数学者将赋存于岩体表面或裂隙深度相对岩体厚度较小的裂隙称为表面裂隙。在表面裂隙的试件制作、数值模拟和理论分析时，一般采用深厚比来界定裂隙的属性，表 2.3 统计了一些学者在研究表面裂隙时所采用的深厚比和相关结论。

表 2.3　不同深厚比表面裂隙的扩展特征

序号	研究者	材料	载荷类型	试验现象或结论
1	Wong[125~127]	辉长岩	压缩	d/t=0.3、0.5，主生反翼型裂纹； d/t=0.6、0.7，共生反翼型裂纹和翼型裂纹； d/t=1.0，仅生翼型裂纹
		砂岩		d/t=0.4、0.6，共生翼型裂纹和反翼型裂纹； d/t=0.7、1.0，仅生翼型裂纹
		PMMA		d/t<0.3，翼型裂纹； d/t>0.3，裂纹扩展至试样背面

序号	研究者	材料	载荷类型	试验现象或结论
2	郭彦双[128]	辉长岩 砂岩	压缩	$d/t=0.15$，反翼型裂纹主导表面裂纹的断裂模式，仅出现翼型裂纹，与裂纹角无关；大试样的三维表面裂隙扩展过程和破裂模式基本与小试样一致。 $d/t=0.5$，反翼型裂纹主导裂隙的破裂模式。 $d/t=0.6$，先于表面裂隙一侧产生反翼型裂纹，次生翼型裂纹仅在试验后期出现。 $d/t \geqslant 0.7$，先出现翼型裂纹，而后与反翼型裂纹贯通破裂。 $d/t=1.0$，仅有翼型裂纹产生，并主导裂隙的破裂模式。 砂岩表面裂隙的扩展基本与辉长岩一致，岩性对破裂模式影响不大
3	滕春凯[129]	玻璃 岩石 有机玻璃	压缩	$d/t=0.73$，玻璃和岩石的初始破裂出现在裂纹最前缘，大量小破裂在裂纹前缘大致等间距密集，形成次级破裂至试样背面，之后沿载荷方向扩展；有机玻璃在裂纹前缘出现塑性屈服
4	宋彦琦[130]	大理岩	压缩	表面裂纹对新裂纹的产生和扩展具有明显的诱导作用。单表面裂纹对新裂纹起裂产生明显作用，而双表面裂纹对裂纹扩展贯通产生巨大影响
5	陈佃浩[59]	红砂岩	压缩	$d/t=0.2$，张开度对表面裂隙的扩展无明显影响，反翼型裂纹主导扩展模式，表面裂隙翼型裂纹扩展为拉剪破坏，反翼型裂纹扩展为压剪破坏
6	王辉[22]	岩石	压缩	$d/t=0.22$，表面裂隙尖端压碎区产生后翼型裂纹开始扩展，反翼型裂纹主导扩展模式
7	左宇军[131]	岩石	压缩	$d/t=0.25$，预制双裂隙会产生张裂纹和剪裂纹，一般都在预制裂隙尖端首先出现。次生剪切和滑移剪切是引起最后破坏或宏观破坏的主要原因之一
8	黎立云[52]	岩石	压缩	$d/t=0.24$，表面裂纹的翼形扩展一般都先于反向裂纹；而反向裂纹的萌生又影响了翼型裂纹的进一步扩展，翼型裂纹与反向裂纹破裂区汇合贯通致试件破坏

序号	研究者	材料	载荷类型	试验现象或结论
9	张敦福[132]	岩石	压缩	$d/t=0.33$，三维侧旋 45° 的半圆形表面裂纹的初始扩展是在裂尖自由面，不是由前缘开始；三维俯仰 45° 半圆形表面裂隙扩展曲面成包裹式贝壳状破裂面
10	黄凯珠[45]	PMMA	压缩	$d/t \geqslant 1/3$，表面裂隙扩展到接近试件端部并穿透至背面； $d/t<1/3$，裂纹扩展至试预制裂纹直径的 0.5～1 倍停止。裂纹倾角和裂纹相对试样尺寸影响扩展
11	陆永龙[133]	红砂岩	压缩	$d/t=0.1$、0.2、0.3 和 0.4，试样为劈裂破坏与剪切破坏的组合模式； $d/t=0.5$，试样为剪切破坏，表面裂隙扩展到试件端部并穿透至背面
12	Wang H[134]	石膏	压缩	$d/t=1$，预制裂纹端部及端部附近产生翼型裂纹，且连接裂纹的条数比 $d/t=1/3$ 和 $d/t=2/3$ 多。裂纹的条数随裂纹间距的增大呈减少趋势
13	李明田[135]	水泥砂浆	拉伸	$d/t=0.25$，表面裂纹的扩展始于试件表面，与平面应力情况类似；但扩展过程中会发生偏转，最终与加载方向呈一倾角在试件背面贯通
14	张启洞[136]	—	拉伸	$d/t=0.05$，表面裂纹沿原裂纹面扩展，但在自由面处会出现偏折

2.2.2 裂隙角度和贯通程度对岩体表面裂隙扩展的影响

图 2.3（图中裂隙倾角为 45°）利用数值软件 RFPA 模拟得到不同深厚比岩体表面裂隙的扩展特征。当 $d/t \geqslant 0.6$ 时，表面裂隙呈现出二维平面穿透裂隙的扩展特征，由翼型裂纹穿透试样背面致其破坏；当 $d/t<0.6$ 时，表面裂隙的扩展特征基本相似，不产生翼型裂纹。

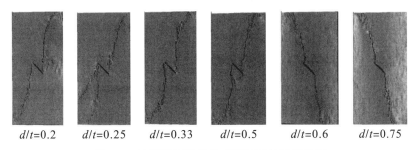

$d/t=0.2$ $d/t=0.25$ $d/t=0.33$ $d/t=0.5$ $d/t=0.6$ $d/t=0.75$

图 2.3 不同深厚比岩体表面裂隙的扩展特征

由图 2.4（$d/t=0.11$）可以看出，不同倾角岩体表面裂隙的扩展方向与加载方向呈一斜角，无穿透试件背面的扩展。当裂隙面仰斜角不等于 90°时（90°即裂隙面与加载方向垂直），裂隙面以上的岩石厚度小于裂隙面以下的岩石厚度，压缩裂隙和翼型裂纹很容易从较薄的裂隙尖端开始扩展。可见，深厚比既影响表面裂隙尖端的扩展模式以及是否穿透试件厚度，同时也表明无裂隙自由面对裂隙应力场的影响与深厚比密切相关。

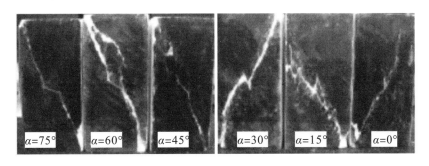

$\alpha=75°$ $\alpha=60°$ $\alpha=45°$ $\alpha=30°$ $\alpha=15°$ $\alpha=0°$

图 2.4 不同倾角岩体表面裂隙的扩展特征（$d/t=0.11$）

受裂隙仰角或倾角的影响，在岩体深度或岩层厚度一定的条件下，很可能出现裂隙的深厚比较大（有时大于 1）而裂隙仍赋存于岩体表面的情形，此时裂纹和翼型裂纹很容易从较薄的裂隙尖端开始朝加载方向扩展，而不扩展至试件背面。

利用 Abaqus 模拟分析单轴拉伸下深厚比和倾角对裂隙扩展的影响，如图 2.5 所示，模型尺寸为宽×高×厚＝200mm×300mm×100mm，表面裂隙的宽度为 30mm，其长度随深厚比和倾角变化。由图 2.5（a）可知，①单轴拉伸载荷下，表面裂隙沿其自由边扩展并贯通模型左右两侧（即增大了裂隙在模型表面的贯通程度），且与深厚比无关；②当表面裂隙沿模型左右两侧扩展贯通至深厚比为 0.7、0.8 和 0.9 时，表面裂隙前缘扩展贯通至模型背面，其余深厚比条件下均未出现上述现象，因而当深厚比小于 0.7 时可将表面裂隙简化为单边裂隙。由图2.5（b）可知，深厚比与倾角余弦值之积为0.7、0.8和0.9，当表面裂隙沿模型左右两侧扩展达到上述相应深度时，表面裂隙前缘已扩展贯通至模型背面，其余则不然。综上，岩体表面裂隙扩展至自由边贯通是其前缘贯通及岩体断裂前的最危险状态，该状态下岩体表面裂隙的扩展模式也相应改变，这与深厚比和倾角密切相关。

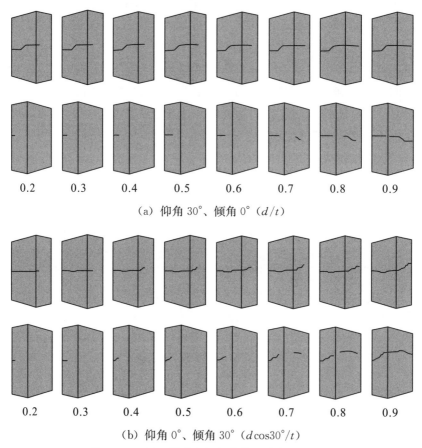

（a）仰角30°、倾角0°（d/t）

（b）仰角0°、倾角30°（$d\cos30°/t$）

图2.5 不同深厚比和倾角岩体裂隙的扩展特征

2.2.3 岩体裂隙分类的量化

由上述分析可知：①当压缩载荷下岩体表面裂隙深厚比为0.1、0.2、0.22、0.24、0.25、0.3、0.33、0.4和0.5时，主要沿裂隙自由边产生反翼型裂纹，并由其主导岩体破裂；当深厚比为0.6和0.7时，可能共生翼型裂纹和反翼型裂纹；当深厚比为0.73时，初始破裂首先出现在裂隙前缘。②拉伸载荷下深厚比与倾角余弦值之积为 0.7 是表面裂隙穿透岩体的临界值。③无论是在拉伸载荷条件还是在压缩载荷条件下，岩体表面裂隙的扩展模式转变均发生在裂隙尖端位于岩体厚度（指表面裂隙延伸方向上岩体的厚度，即图 2.1 中 x' 方向的岩体厚度）中心面，或略超岩体厚度中心面。可见，岩体厚度中心面成为裂纹扩展模式转变的临界位置，而贯通率较深厚比更能表达岩体表面裂隙尖端位置这一几何特征。

　　综上，结合学者们对表面裂隙和贯穿裂隙的共识，考虑试验岩石材料的特殊性、裂隙试件制作水平和试验装备及条件等因素对表面裂隙扩展模式判别的影响，以贯通率为 0.5 作为界定表面裂隙和贯穿裂隙的临界值。本书将赋存于岩体表面且贯通率小于或等于 0.5 的裂隙称为表面裂隙；将贯通率大于 0.5 的裂隙称为贯穿裂隙。本书以表面裂隙岩体为研究对象，深埋裂隙仍遵循原定义，暂未给出量化指标。

2.3　岩体表面裂隙模型的几何表征

　　按照岩体表面裂隙扩展的基本规律，考虑表面裂隙最危险的起裂与扩展状态，以表面裂隙前缘最深处为裂隙基本长度，建立岩体表面裂隙模型如图 2.6 所示。图中模型绕 z 轴顺时针旋转 $90°$ 放置时进行命名，规定：当裂隙出露处（即图中的 o 点位置，下同）位于模型长边（或长边所在平面，下同）中点（线）位置以上时，称此时的裂隙位置为上位；当裂隙出露于模型长边中点（线）位置时，称此时的裂隙位置为中位；当裂隙出露于模型长边中点（线）位置以下时，称此时的裂隙位置为下位。

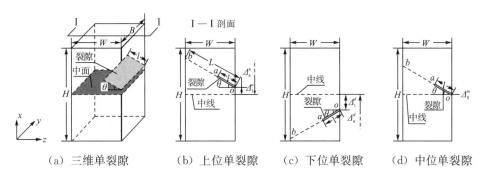

（a）三维单裂隙　　（b）上位单裂隙　　（c）下位单裂隙　　（d）中位单裂隙

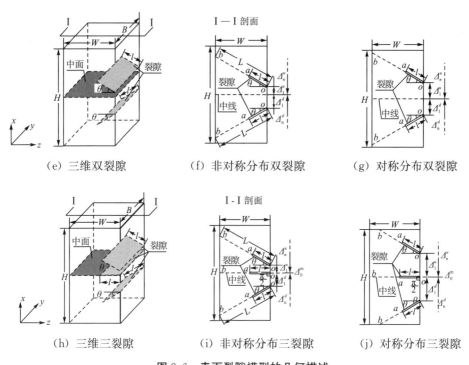

（e）三维双裂隙　　　　（f）非对称分布双裂隙　　　　（g）对称分布双裂隙

（h）三维三裂隙　　　　（i）非对称分布三裂隙　　　　（j）对称分布三裂隙

图 2.6　表面裂隙模型的几何描述

2.3.1　表面裂隙的裂隙度与偏置系数

岩体裂隙的数量通常用裂隙度来表征，岩体裂隙度是指取样线上单位长度的节理数。考虑到地下岩层一般多视为"板梁"结构，表面裂隙位于该岩梁的下部表面，由岩梁结构的对称性可知，表面裂隙的位置仅由其与对称轴的距离决定。

裂隙的数量即裂隙在模型长边上的条数，在此规定同一位置上仅有一条裂隙，这样裂隙的数量和位置就满足一一对应的关系。我们用裂隙的偏置量来表示裂隙的不同位置，将裂隙（二维模型为直线，三维模型为平面）与模型轮廓的交点（线）偏离模型长边中点（线）的距离定义为裂隙偏置量。如图 2.6（b）（c）（d）所示，Δ_1^u 和 Δ_n^u 分别表示上位第 1 条裂隙和第 n 条裂隙的偏置量；Δ_1^d 和 Δ_n^d 分别表示下位第 1 条裂隙和第 n 条裂隙的偏置量；Δ_0^m 表示中位裂隙的偏置量，由定义可知 $\Delta_0^m = 0$；其中，0，1，…，n 是以模型长边的中点（线）为中心向上或向下按顺序排列的裂隙位置序号，在此规定，0 是中位裂隙的位置序号。如未特殊说明，以下所涉及图中的符合含义和用法与此规定相同。

偏置量虽然量化了裂隙偏离模型中点（线）位置的大小，但并未体现模型的边界尺寸（长度或高度）这一几何参数对偏置裂隙的影响。因此，本书提出裂隙的几何偏置系数的概念，并将偏置量与模型长边之半的比值定义为裂隙的几何偏置系数，简称为偏置系数。偏置系数可表示为：

$$\omega = \frac{\Delta}{H/2} \tag{2.1}$$

式中，ω 为裂隙的偏置系数，由定义可知 $\omega \in [0, 1)$；Δ 为裂隙的偏置量。

按式（2.1）将上位裂隙、中位裂隙和下位裂隙的偏置系数写为：

$$\begin{cases} \omega_n^u = \dfrac{\Delta_n^u}{H/2} \\[2mm] \omega_0^m = 0 \\[2mm] \omega_n^d = \dfrac{\Delta_n^d}{H/2} \end{cases} \tag{2.2}$$

式中，ω_n^u、ω_0^m 和 ω_n^d 分别为上位裂隙、中位裂隙和下位裂隙的偏置系数。

为了简化书写，将式（2.2）改写为：

$$\omega_n^i = \frac{\Delta_n^i}{H/2} \tag{2.3}$$

式中，$i = (u, m, d)$，分别表示裂隙位于上位、中位或下位。规定 $n = 0$ 时，i 只能等于 m，有 $\omega_0^m = 0$。

前面介绍了裂隙数量和裂隙位置的概念和量化方法，在此基础上我们对裂隙度重新进行定义。将表面裂隙的数量及其在模型长边上的位置的不同组合定义为裂隙度，用 k 来表示，将其写为函数形式：

$$k = k(n, \Delta) = k(n, \omega) \tag{2.4}$$

式中，n 表示模型长边上的裂隙数量（包括上位裂隙、中位裂隙和下位裂隙）；Δ 和 ω 均包括上位裂隙、中位裂隙和下位裂隙。

这里的裂隙度是一个函数形式，其值由裂隙数量和偏置系数共同决定。已有研究结果表明：裂隙的偏置会影响裂尖应力场是否产生叠加效应，进而引起裂尖应力强度因子的变化。因此，裂隙度的大小决定了裂尖应力强度因子的计算方法。当裂尖之间相距较远时，可认为其应力场互不影响，裂隙度 $k = 1$；当裂尖之间相距较近时，其应力场互相叠加，裂隙度 $k = n$；当一些裂尖之间相距较近，且与另一些裂尖之间相距较远时，其应力场会出现部分叠加，裂隙度 $k < n$。n 的数值由裂尖应力场互相影响的裂隙数来决定。若考虑裂隙倾角对偏置系数的影响，则此处所定义的偏置系数应为等效偏置系数（等效偏置系数将在第三章进行详细讨论）。本书主要研究裂隙度 $k = 1$ 时裂隙的应力强度因子的计算。

2.3.2 表面裂隙的倾角

如图 2.6 （a）所示，将裂隙面与 yz 面之间所夹锐角定义为裂隙倾角，简称为倾角，用 θ 来表示。以该平面［或线，见图 2.6 （b）］为起始面（线），以裂隙位于模型的上（下）侧为正视方向，在模型内顺（逆）时针方向旋转而成的锐角称为上向倾角；反之，在模型内逆（顺）时针方向旋转而成的锐角称为下向倾角。本书规定：上向倾角取正值，下向倾角取负值，中位裂隙的倾角均取正值。

对于单裂隙模型，受模型边界和裂隙位置的影响，除中位裂隙外，同一大小的裂隙倾角有上向倾角和下向倾角之分。对于多裂隙模型，受裂隙倾角或长度的影响，可能引起多裂隙交织在一起，这样会使问题更复杂，不利于理论研究。因而本书主要研究单裂隙模型的扩展机理与强度损伤规律。

2.3.3 表面裂隙的贯通率

岩体裂隙的连通性主要取决于裂隙的长度、间距及组合关系。纯几何意义上的连通率为结构面的平均长度与岩桥的平均长度和结构面的平均长度两者之和的比。基于该定义，衍生了多种与岩石裂隙连通性的计算方法，其中，投影法在岩石裂隙连通性计算方面具有广泛应用。按投影法的基本原理，将岩体裂隙沿某方向的长度与岩体沿该方向的长度之比定义为裂隙在该方向的贯通率，简称为贯通率。由定义可得裂隙贯通率为：

$$\eta = \frac{l}{L} = \frac{l}{W}\cos\theta \tag{2.5}$$

式中，η 为裂隙的贯通率；L 为沿裂隙延伸方向模型的长度；l 为裂隙的长度。

在室内试验条件下，受模型边界的影响，在裂隙倾角 θ 小于某一角度条件下，式（2.5）恒成立。也就是说，裂隙的贯通率就等同于裂隙在水平面上的投影长度与模型宽度 W 的比值。若不考虑模型长边（这里指 H）的长度对裂隙贯通率的影响，表面裂隙的倾角可定义在（$-\pi/2$，$\pi/2$）区间内。在室内试验条件下，由于模型尺寸的限制，我们必须要考虑裂隙位置对贯通率的影响。下面对裂隙贯通率的计算进行讨论。

（1）对于上位上向裂隙和下位下向裂隙，其贯通率为：

$$\eta^{ij} = \frac{l}{W}\cos\theta, \ \theta \leqslant \arctan\frac{H(1-\omega_n^i)}{2W} \tag{2.6}$$

式中，$i=j=(u，d)$；$i=(u，d)$，表示裂隙的位置，u 和 d 分别表示上位裂隙和下位裂隙；$j=(u，d)$，表示裂隙的方向（当裂隙倾角为 $0°$ 时，其方位同属于上向和下向），u 和 d 分别表示上向裂隙和下向裂隙。按此方法，η^{uu} 和 η^{dd} 分别为上位上向裂隙模型和下位下向裂隙模型的贯通率。以下符号的表示方法与此相同，上位上向裂隙模型和下位下向裂隙模型的贯通率的表达式同型，其区别仅在于 ω 的取值位置不同。

（2）对于上位下向裂隙和下位上向裂隙，其贯通率为：

$$\eta^{ij}=\frac{l}{W}\cos\theta，|\theta|\leqslant\arctan\frac{H(1+\omega_n^i)}{2W} \tag{2.7}$$

式中，$(u，d)=i\neq j=(u，d)$。则 η^{ud} 和 η^{du} 分别为上位下向裂隙模型和下位上向裂隙模型的贯通率。

（3）对于中位裂隙，令 $\omega_n^i=0$，考虑对称性，即可由式（2.7）和式（2.8）得到：

$$\eta^{ij}=\frac{l}{W}\cos\theta，|\theta|\leqslant\arctan\frac{H}{2W} \tag{2.8}$$

式中，$m=i\neq j=(u，d)$；$i=m$ 表示中位裂隙，其余符号意义同前。则 η^{mu} 和 η^{md} 分别为中位上向裂隙模型和中位下向裂隙模型的贯通率。

根据上述规则，进一步将式（2.6）~式（2.8）写为：

$$\eta^{ij}=\frac{l}{W}\cos\theta，|\theta|\leqslant\arctan\frac{H(1\pm\omega_n^i)}{2W} \tag{2.9}$$

值得说明的是：对于上位上向裂隙和下位下向裂隙，式中取"$-$"；对于上位下向裂隙和下位上向裂隙，式中取"$+$"；对于中位裂隙，$\omega_n^i=0$。其余同前。

当表面裂隙岩体模型（图 2.6）的高度 H 远大于厚度 W 时，在裂隙位置一定的条件下，$\frac{H(1\pm\omega_n^i)}{2W}\approx\frac{H}{2W}\to\infty$，那么，裂隙倾角 $\theta\to\pm90°$。按本书定义，当倾角为 $\pm90°$ 时，不存在表面裂隙，由此不难看出，在上述条件下，表面裂隙贯通率计算式的约束条件可忽略。因此，对具有较大延伸和有限厚度特征的工程岩体（如巷道顶板岩层），岩体表面裂隙贯通率的计算直接采用 $\eta^{ij}=\frac{l}{W}\cos\theta$。

第3章　岩体表面裂隙扩展演化的理论分析

　　岩体裂隙的扩展机理由裂隙尖端的应力状态及大小决定，而裂隙尖端的应力状态及大小与岩体所受外载形式和裂隙几何特征密不可分。从外载形式和破坏机制上来讲，裂隙岩体一般发生拉断和剪断两种断裂机制。裂隙几何特征对裂隙岩体的裂纹扩展及其断裂的影响又因外载形式而异，压缩载荷条件下，岩体裂隙的扩展与贯通率、裂隙倾角、摩擦系数和侧压系数等因素关系密切，而贯通率、裂隙倾角和偏置系数等因素对三点弯曲载荷条件下岩体裂隙的扩展有明显影响。本章在第 2 章建立的岩体表面裂隙几何模型的基础上，基于最大剪应变（应力）准则和最大周向拉应变（应力）准则，分别对压缩载荷条件和三点弯曲载荷条件下岩体表面裂隙的初始扩展、起裂载荷、扩展路径进行理论分析，为表面裂隙的扩展及断裂形态的量化表征奠定基础。

3.1　压缩载荷下岩体表面裂隙的初始扩展

3.1.1　表面裂隙端部的应力场

　　（1）表面裂隙模型的应力变换。

　　根据第 2 章提出的岩体表面裂隙几何模型，建立岩体表面斜裂隙的力学计算模型（图 3.1），其远场应力均为正应力，将远场应力分解为平行于裂隙面方向和垂直于裂隙面方向的应力分量，如图中局部坐标系 $x'oy'$ 所对应的应力分量。若不考虑因裂隙面所引起的不连续效应的影响，则由弹性力学可得局部坐标系下的应力分量为：

$$\begin{cases} \sigma_{ta} = \sigma'_x = \sigma_1 (\sin^2\theta + \lambda\cos^2\theta) \\ \sigma_n = \sigma'_y = \sigma_1 (\cos^2\theta + \lambda\sin^2\theta) \\ \tau_n = \tau'_{xy} = \sigma_1 (1 - \lambda)\sin\theta\cos\theta \end{cases} \tag{3.1}$$

式中，σ_1 和 $\lambda\sigma_1$ 分别为作用于模型的竖向应力和侧向应力；λ 为侧向应力系数，其值为作用于模型的侧向应力与竖向应力之比，当侧向应力为压应力时，称为侧压系数，反之为侧拉系数；σ_{ta} 为平行于裂隙面方向的径向应力；σ_n 为垂直于裂隙面方向的周向应力；τ_n 为平行于裂隙面方向的剪应力，$\tau_n = \tau'_{xy} = \tau'_{yx}$；$\theta$ 为裂隙倾角。

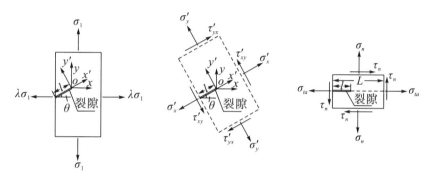

图 3.1　岩体表面裂隙的力学计算模型

（2）表面裂隙端部的应力场。

如图 3.2 所示，以裂尖为原点，原裂隙面方向为 x 轴，垂直于裂隙面方向为 y 轴。Williams 给出的极坐标下裂隙尖端的应力式（忽略 T 应力和 $O(r^{1/2})$ 高阶项）为：

$$\begin{cases} \sigma_r = \dfrac{1}{2\sqrt{2\pi r}} \Big[K_{\mathrm{I}}(3 - \cos\varphi)\cos\dfrac{\varphi}{2} + K_{\mathrm{II}}(3\cos\varphi - 1)\sin\dfrac{\varphi}{2} \Big] \\[2mm] \sigma_\varphi = \dfrac{1}{2\sqrt{2\pi r}}\cos\dfrac{\varphi}{2}\big[K_{\mathrm{I}}(1 + \cos\varphi) - 3K_{\mathrm{II}}\sin\varphi \big] \\[2mm] \tau_{r\varphi} = \dfrac{1}{2\sqrt{2\pi r}}\cos\dfrac{\varphi}{2}\big[K_{\mathrm{I}}\sin\varphi + K_{\mathrm{II}}(3\cos\varphi - 1) \big] \end{cases} \tag{3.2}$$

式中，K_{I} 和 K_{II} 分别为 I 型和 II 型裂纹应力强度因子；(r,φ) 为裂隙尖端邻近区域中一点的极坐标；σ_r 为作用于裂隙尖端邻近区域中一点（用微元来表示，下同）的切向应力；σ_φ 为作用于裂隙尖端邻近区域中一点的径向应力；$\tau_{r\varphi}$ 为作用于裂隙尖端邻近区域中一点的剪应力，且 $\tau_{r\varphi} = \tau_{\varphi r}$。

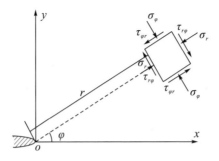

图 3.2　裂尖区域应力分量

3.1.2　压缩载荷下岩体表面裂隙的应力强度因子

（1）压缩载荷条件下 K_I 取值的思考。

关于压缩载荷条件下 Ⅰ-Ⅱ 复合型裂纹 K_I 是否能取负值的问题，国内外学者观点不一。Erdogan 等认为受压裂隙 K_I 可以取负值，文献 [146，147] 持有相同的观点，并认为当受压裂隙 $K_I<0$ 时，Ⅰ 型应力强度因子的周向应力场会对 Ⅱ 型应力强度因子的周向拉应力场起到抑制作用。李世愚等基于物理意义和 Ⅰ 型应力强度因子大于 Ⅰ 型断裂韧度（$|K_I|>K_{Ic}$）时并未发生 Ⅰ 型断裂两方面原因，认为 $K_I=0$。可见，这一问题仍需进一步商榷。

本书对于 K_I 是否可以取负值进行以下三个方面的分析：

①从外载荷形式和岩体破坏机制角度分析。一般地，K_I 是表示外载荷为拉应力时 Ⅰ 型裂纹尖端的应力场量度的参量（用拉伸条件下的 Ⅰ 型应力强度因子 K_I^t 来表示），裂隙尖端会产生拉应力集中而引起裂隙扩展，K_I^t 与拉荷载有关。若外载荷为压应力时，裂隙逐渐趋近于闭合状态，在这一过程中将裂隙尖端视为微小的孔，根据弹性理论可知裂隙尖端会产生压应力集中（假设裂隙尖端在集中压应力作用下未产生塑性破坏），这时 K_I 若取负值来量度裂隙尖端应力场（用压缩条件下的 Ⅰ 型应力强度因子 K_I^c 来表示，且 $|K_I^c|=K_I^t$），其必与压荷载有关。假设无论是拉载荷还是压载荷，按照最大周向拉应力准则来判定裂隙是否扩展，即满足条件 Ⅰ 型应力强度因子大于 Ⅰ 型断裂韧度（$K_I>K_{Ic}^t$）时（此时应该有 $K_{Ic}^t=K_{Ic}^c$），裂隙扩展。事实上，一些学者已证实压载荷下裂隙可能产生剪切扩展。如此，若压荷载下裂隙遵循最大剪应力扩展准则，即裂隙扩展的判别式应该为 Ⅱ 型应力强度因子大于 Ⅱ 型断裂韧度（$K_{II}^c>K_{IIc}^c$），而 K_{IIc}^c 是大于 K_{Ic}^t 的，且 K_I^c 对 K_{II}^c 有很大影响（即裂隙受压对 K_{II}^c 有一定影响，后文将进一步分析）。因此，即使在压荷载作用下，闭合裂隙也不

能忽略 K_{I}^c 的影响。进一步分析可知，压载荷作用下的 K_{I}^c 达到 $K_{\text{I}c}^r$ 时，裂隙未扩展是由 $K_{\text{I}c}^r < K_{\text{I}}^c$ 而致。因为 $K_{\text{I}c}^r$ 已经不是传统意义上的 I 型断裂韧度 $K_{\text{I}c}^r$，而是 II 型断裂韧度 $K_{\text{II}c}$，这样也就不难理解，压载荷作用下，$K_{\text{I}}^c > K_{\text{I}c}^r$ 时并不会发生 I 型扩展。

②从应变或者变形角度分析。宏观地讲，受压后裂隙面由非闭合状态逐渐过渡至完全闭合状态，裂隙面间的空隙越来越小，在这一过程中表现出裂隙面接触和被压实（密）的宏观现象。微观方面的表现是，弹性物质的原子结构在破坏之前仅是原子间距的减小和键角的变形等微观物理现象。因此，无论是从宏观角度还是从微观角度，当 $K_{\text{I}} < 0$ 时，即表示裂隙面处于受压状态，$|K_{\text{I}}|$ 的大小将影响裂隙面之间接触的密实程度。

③从应力角度分析。无论是从微观方面还是从宏观方面，当 $K_{\text{I}} < 0$ 时，$|K_{\text{I}}|$ 的大小在一定程度上反映了裂隙面上压应力的大小，$|K_{\text{I}}|$ 越大，裂隙面压应力越大，裂隙面之间所产生的摩擦阻力越大，裂隙扩展越困难。在适当条件下裂隙岩体多发生压剪破坏。

综合以上分析，$K_{\text{I}} < 0$ 代表裂隙面上受压，这从数学上来讲也是合理的，从物理上讲也确实是不容忽视的事实。因此本书认为，裂隙面受压条件下，I 型应力强度因子可以取负值，且代表着裂隙面受压状态和压应力的大小。假设有限宽岩板条件下自由边对 K_{I} 的影响与裂隙面的张开或闭合状态无关，根据有效剪应力准则，裂隙面受压（$\sigma_n < 0$）时表面裂隙尖端的 K_{I} 和 K_{II} 计算式如下：

$$\begin{cases} K_{\text{I}} = F_{\text{I}}^c \sigma_1 \sqrt{\pi l} \\ K_{\text{II}} = F \tau_{eff} \sqrt{\pi l} \end{cases} \tag{3.3}$$

其中，F_{I}^c 为有限宽岩板 I 型应力强度因子修正系数；τ_{eff} 为裂隙面上的有效剪应力；F 为有限宽岩板 II 型应力强度因子修正系数。

对于受压裂隙，会经历压紧（闭合）和滑动两个阶段。在压紧阶段，裂隙逐渐闭合（但裂隙面并未滑动，裂隙可能处于临界扩展状态），无裂隙边对裂尖的约束能力基本不变，可忽略其对 K_{I} 的影响，应将表面裂隙模型按半无限大岩板边裂隙问题来分析，应力强度因子的修正系数为：

$$F_{\text{I}}^c = 1.12(\cos^2\theta + \lambda \sin^2\theta) \tag{3.4}$$

在滑动阶段，裂隙已开始扩展，无裂隙边对裂尖的约束急剧下降，应将表面裂隙模型按有限宽岩板边裂隙问题来分析。赵廷仕和刘普提出了单边斜裂隙的应力强度因子的修正系数，按本书所定义的裂隙倾角和贯通率可将其写为：

$$F_{\mathrm{I}} = (\cos^2\theta + \lambda\sin^2\theta)(1.12 - 0.231(\eta^{ij}) + 10.55\,(\eta^{ij})^2 -$$
$$21.72\,(\eta^{ij})^3 + 30.39\,(\eta^{ij})^4 - 20\,(\eta^{ij})^5\sin\theta) \tag{3.5}$$

因此，在滑动阶段即有 $F_{\mathrm{I}}^c = F_{\mathrm{I}}$。

（2）裂隙面上有效剪应力的计算。

一般情况下，闭合裂隙面之间的黏聚力很小，可忽略不计。考虑到剪应力 τ_n 的方向会随着外载状态的不同而改变，且抗剪力 $\mu\sigma_n$ 与剪应力 τ_n 的方向始终相反，据此可得有效剪应力计算式为：

$$\tau_{eff} = \begin{cases} 0, & |\tau_n| < \mu|\sigma_n| \\ \tau_n + \mu\sigma_n, & |\tau_n| \geq \mu|\sigma_n|, \sigma_n < 0, \tau_n > 0 \\ \tau_n - \mu\sigma_n, & |\tau_n| \geq \mu|\sigma_n|, \sigma_n < 0, \tau_n < 0 \end{cases} \tag{3.6}$$

其中，$\sigma_n = \sigma_1(\cos^2\theta + \lambda\sin^2\theta)$；$\tau_n = \sigma_1(1-\lambda)\sin\theta\cos\theta$；$\mu$ 为裂隙面间的摩擦系数。令 $\mu = 0$，上式即为裂隙受压趋于闭合状态时的有效剪应力，反之为闭合滑动阶段的有效剪应力。一般而言，在裂隙起裂阶段，可认为裂隙处于压紧至初次闭合阶段，不考虑裂隙面间的摩擦效应；而在裂隙扩展阶段，可认为裂隙处于闭合滑动阶段，应考虑裂隙面间的摩擦效应。

对式（3.6）进行分析可知，在压－压（$0 \leq \lambda \leq 1$）和压－拉（$\lambda \leq 0$）应力状态下，裂隙面上的有效剪应力为：

$$\tau_{eff} = \begin{cases} 0, & |\tau_n| < \mu|\sigma_n| \\ \sigma_1(1-\lambda)\sin\theta\cos\theta - \mu\sigma_1(\cos^2\theta + \lambda\sin^2\theta), & |\tau_n| \geq \mu|\sigma_n| \end{cases} \tag{3.7}$$

由式（3.7）得分别考虑侧压系数和摩擦系数时有效剪应力与裂隙倾角的关系曲线，如图 3.3 和图 3.4 所示。

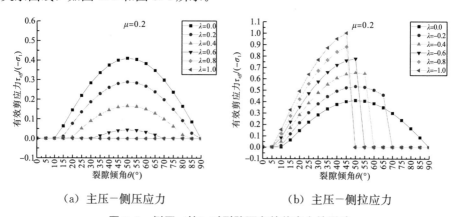

（a）主压－侧压应力　　　　　　（b）主压－侧拉应力

图 3.3　侧压（拉）对裂隙面有效剪应力的影响

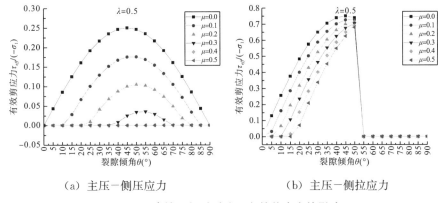

（a）主压－侧压应力　　　　　　　（b）主压－侧拉应力

图 3.4　摩擦系数对裂隙面有效剪应力的影响

（3）压缩载荷条件下裂隙尖端应力强度因子 K_{II} 的计算。

闭合裂隙条件下裂尖的应力强度因子修正系数 F 的计算式为：

$$F = \frac{1}{\sqrt{1-(a/b)^2}} \tag{3.8}$$

按照前文定义，用贯通率 η^{ij} 替换式（3.8）中的 a/b，即得受压闭合斜裂隙的应力强度因子的修正系数为：

$$F = \frac{1}{\sqrt{1-(\eta^{ij})^2}} \tag{3.9}$$

将式（3.7）和式（3.9）代入式（3.3）中，得到压－压（$0 \leqslant \lambda \leqslant 1$）和压－拉（$\lambda \leqslant 0$）应力状态下表面裂隙的应力强度因子 K_{II} 为：

$$K_{\text{II}} = \begin{cases} 0, & |\tau_n| < \mu|\sigma_n| \\ F_{\text{II}}^c \sigma_1 \sqrt{\pi l}, & |\tau_n| \geqslant \mu|\sigma_n| \end{cases} \tag{3.10}$$

其中，$F_{\text{II}}^c = \dfrac{(1-\lambda)\sin\theta\cos\theta - \mu(\cos^2\theta + \lambda\sin^2\theta)}{\sqrt{1-(\eta^{ij})^2}}$。

由图 3.5 知，受侧压（拉）影响下表面裂隙尖端的应力强度因子 K_{II} 在空间呈现为一系列曲面。分析可得：①该曲面因参数类别不同而形成不同的空间形态，K_{II} 与贯通率正相关，而与摩擦系数负相关，当贯通率较大和摩擦系数较小时，K_{II} 显著增大。②在同类参数条件下，该曲面的空间形态趋于一致，且该曲面仅在 $K_{\text{II}}=0$ 处相交重叠。各类曲面均在侧压系数等于 1 时相交重叠，且 $K_{\text{II}}=0$。说明在双向等压条件下，裂隙不发生扩展。③当裂隙倾角较小（本例 $\leqslant 45°$）时，侧压系数与应力强度因子 K_{II} 负相关，即随着侧向应力的增大（即侧向应力系数从 -1 到 1），应力强度因子 K_{II} 逐渐减小，说明侧压在一定程度上能阻止或延缓裂隙的扩展，这与杨慧等的研究结论相同。

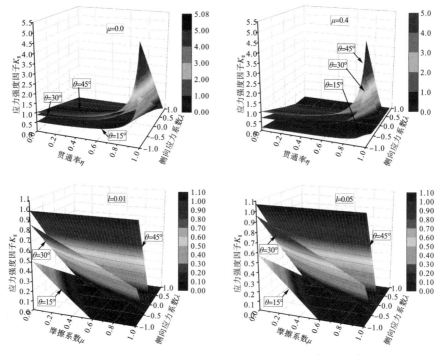

图 3.5　侧压（拉）对 K_{II} 的影响分析（量级：$\left| \sigma_1 \sqrt{\pi l} \right|$）

3.1.3　压缩载荷下岩体表面裂隙的扩展方向

M—C（Mohr—Coulomb）准则广泛应用于研究岩石的压坏力学机制，它能很好地解释各类岩石发生剪切破坏的规律。林拜松基于线弹性理论提出了径向剪应力准则，他认为在一定条件下，裂隙沿着尖端附近区域内径向剪应力绝对值最大的方向扩展而产生 II 型断裂。文献［158，159］将其应用于岩石类脆性材料的断裂研究，并获得良好效果。由弹性力学知剪应力与剪应变呈线性关系，两者在求极值时是等价关系。本书应用径向剪应力准则和 M—C 准则来建立压缩载荷下表面裂隙的扩展（断裂）准则。

剪切扩展准则认为：①当裂隙沿着剪切应力的绝对值达到最大值时所对应的角 φ_c 的方向开始扩展；②当最大剪应力 $\tau_{r\varphi max}$ 达到材料的抗剪强度 τ_c 时，裂隙才开始失稳扩展。

由于剪应力 $\tau_{r\varphi}$ 的作用方向受裂隙倾角、摩擦系数和侧压系数等因素的影响，其取值可能为正，也可能为负。当 $\tau_{r\varphi}$ 为正时，$\tau_{r\varphi}$ 的最大值为最大剪应力；当 $\tau_{r\varphi}$ 为负时，$\tau_{r\varphi}$ 最小值的绝对值为最大剪应力。因此，裂隙剪切扩展方向满足以下条件：

$$\begin{cases} \partial\tau_{r\varphi}/\partial\varphi = 0 \\ \partial^2\tau_{r\varphi}/\partial\varphi^2 < 0, \tau_{r\varphi} > 0 \\ \partial^2\tau_{r\varphi}/\partial\varphi^2 > 0, \tau_{r\varphi} < 0 \\ |\tau_{r\varphi}| = \tau_c = |\sigma_{\varphi c1}|\tan\beta_0 + C \end{cases} \tag{3.11}$$

式中，τ_c 为岩石的抗剪强度；$\sigma_{\varphi c1}$ 为裂隙初裂方向所在平面的正应力；β_0 为岩石的内摩擦角；C 为岩石的黏聚力。

将式（3.2）中第三式代入式（3.11）中第一式可得：

$$K_{\mathrm{I}}\cos\frac{\varphi}{2}(3\cos\varphi - 1) - K_{\mathrm{II}}\sin\frac{\varphi}{2}(9\cos\varphi + 5) = 0 \tag{3.12}$$

利用盛金公式求解可得裂隙的初裂角为：

$$\varphi_{c1} = 2\arctan\frac{2 + \sqrt{A}\left(\cos\frac{\varphi}{3} \pm \sqrt{3}\sin\frac{\varphi}{3}\right)}{3a_0} \tag{3.13}$$

式中，$A = 4 + 42(K_{\mathrm{II}}/K_{\mathrm{I}})^2$，$a_0 = 2(K_{\mathrm{II}}/K_{\mathrm{I}})$，$\varphi = \arccos T$，$T = (-4A - 3a_0 B)/2\sqrt{A^3}$，$B = -4(K_{\mathrm{II}}/K_{\mathrm{I}})$。

下面我们来分析初裂角式（3.13）的正负号选取问题，将式（3.2）中第三式代入式（3.11）中第二式和第三式可得：

$$\begin{cases} K_{\mathrm{I}}\sin\frac{\varphi}{2}(9\cos\varphi + 5) + K_{\mathrm{II}}\cos\frac{\varphi}{2}(27\cos\varphi - 13) > 0, \tau_{r\varphi} > 0 \\ K_{\mathrm{I}}\sin\frac{\varphi}{2}(9\cos\varphi + 5) + K_{\mathrm{II}}\cos\frac{\varphi}{2}(27\cos\varphi - 13) < 0, \tau_{r\varphi} < 0 \end{cases} \tag{3.14}$$

将式（3.12）代入式（3.14），并注意到在主压－侧压（$0\leqslant\lambda\leqslant1$）和主压－侧拉（$\lambda\leqslant0$）条件下，$K_{\mathrm{II}}\leqslant0$（这是因为裂隙面上的有效剪应力 $\tau_{eff}\leqslant0$），由此可得：

$$\begin{cases} -(3\cos\varphi - 1) > \left(\frac{K_{\mathrm{II}}}{K_{\mathrm{I}}}\right)^2(27\cos\varphi - 13), \tau_{r\varphi} > 0 \\ -(3\cos\varphi - 1) < \left(\frac{K_{\mathrm{II}}}{K_{\mathrm{I}}}\right)^2(27\cos\varphi - 13), \tau_{r\varphi} < 0 \end{cases} \tag{3.15}$$

下面我们从两个方面来分析式（3.15）中适用于本书的极值条件。一方面，令 $3\cos\varphi - 1 = 0$，得 $\varphi \approx \pm70.52°$；令 $27\cos\varphi - 13 = 0$，得 $\varphi \approx \pm61.21°$。根据余弦函数的性质可知，当 $-61.21°\leqslant\varphi\leqslant61.21°$ 时，式（3.15）的第一式不成立，而第二式恒成立；当 $-70.52°\leqslant\varphi\leqslant-61.21°$ 或 $61.21°\leqslant\varphi\leqslant70.52°$ 时，$(K_{\mathrm{II}}/K_{\mathrm{I}})^2$ 决定式（3.15）是否成立。另一方面，多数学者的研究证

明，压缩载荷作用下，裂隙的初裂角应满足 $-90° < \varphi < 90°$，而式（3.13）取正号是不满足上述条件的。因此，满足剪应力极大值条件的初裂角 φ_{c1} 为：

$$\varphi_{c1} = 2\arctan \frac{2 + \sqrt{A}\left(\cos\frac{\varphi}{3} - \sqrt{3}\sin\frac{\varphi}{3}\right)}{3a_0} \tag{3.16}$$

由式（3.16）可知，φ_{c1} 取决于 II 型与 I 型应力强度因子之比 K_{II}/K_{I}。从数学意义上讲，式（3.16）是在 $K_{II} \neq 0$（这是因为 $K_{II} = 0$ 将导致初裂角公式的分母 $a_0 = 2(K_{II}/K_{I}) = 0$，这在数学上是不成立的）的条件下解算出来的结果，因此，式（3.16）仅适用于 $K_{II} \neq 0$ 时初裂角的计算。从力学意义上讲，裂隙面受压后，I 型应力强度因子 K_{I} 为负，故式（3.16）仅适用于 $K_{I} < 0$ 时初裂角的计算。综合以上原因，式（3.16）仅适用于 $K_{II} \neq 0$ 时裂隙受压初裂角的计算。

由表 3.1 可以看出，本书试验值与文献试验结果相近，本书理论预测值与试验值结果有一定偏差，但变化规律一致，造成这个结果可能有以下三个方面的原因：①未考虑 T 应力对初裂角的影响；②随着裂隙倾角的增大，受摩擦作用的影响，裂隙面上的有效剪应力达到最大，裂隙上、下两面产生微弱滑动，引起裂隙尖端附近某点产生拉应力而引起裂隙的 I 型扩展；③预测值中所取摩擦系数是一个定值，而试验中裂隙表面受裂隙制作等因素的影响，摩擦系数应该是一个变值。综上，虽然初裂角的计算忽略了上述因素的影响，但相比考虑 T 应力影响下的初裂角计算式，式（3.16）更为方便和实用。

表 3.1 压缩条件下裂隙扩展的初裂角

裂隙倾角（°）	初裂角（°）			说明
	本书预测	本书实验值	文献［163］试验值	
0	70.5	84	86	
15	62.9	66	—	
30	35.9	46	47	本书预测值摩擦系数取 0.2。当倾角为 0°时，本书试验值为平均值
45	20.5	30	38	
60	11.5	17	21	
75	5.1	8	—	
90	0	—	2	

图 3.6 为 φ_{c1} 和 K_{II}/K_{I} 的关系曲线。由图可知，φ_{c1} 与 K_{II}/K_{I} 成双曲线关系。由前文易知 $K_{I} < 0$，那么，当 $K_{II} < 0$ 时，φ_{c1} 为正；当 $K_{II} > 0$ 时，φ_{c1} 为负。

当 $K_{\mathrm{I}} \rightarrow 0$，即 $K_{\mathrm{II}}/K_{\mathrm{I}} \rightarrow \infty$ 时，$\varphi_{c1}=0°$，此时属于最大剪应力准则下的纯 II 型裂纹扩展。若裂隙面上的有效剪应力 $\tau_{eff}=0$，即 $K_{\mathrm{II}}=0$。按最大剪应力准则，将 $K_{\mathrm{II}}=0$ 代入式（3.12），可解算出初裂角有两个值，即 $\varphi_{c1}=\pm70.52°$ 和 $\varphi_{c1}=\pm180°$。而 $\varphi_{c1}=\pm180°$ 已经是自由面，无实际意义，因此，在 $K_{\mathrm{II}}=0$ 条件下初裂角应为 $\pm70.52°$。易知，$\varphi_{c1}=\pm70.52°$ 满足式（3.15）的第二式，也就是说，当有效剪应力为 0 时，裂隙尖端将萌生两条以裂隙面为对称面的对称裂纹（此裂纹为张裂纹），这与不含裂隙岩体在单轴压缩条件下所产生的典型"X 型"破裂具有相似特征。但两者产生的机制不同，前者为横向张裂纹，后者为压剪裂纹。

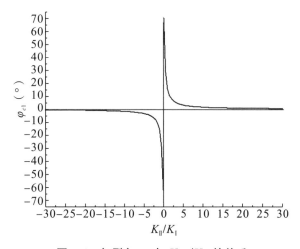

图 3.6　初裂角 φ_{c1} 与 $K_{\mathrm{II}}/K_{\mathrm{I}}$ 的关系

图 3.7 为双向受压下 $\mathrm{I}-\mathrm{II}$ 复合型裂纹的 φ_{c1} 与 θ、η、μ 和 λ 之间的关系。通过分析可知：

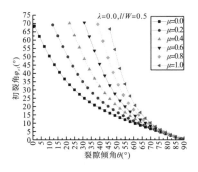
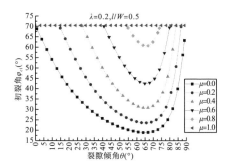

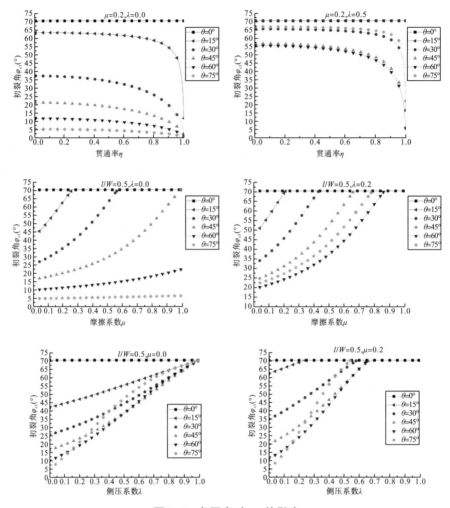

图 3.7　各因素对 φ_{c1} 的影响

①单向压缩条件下，初裂角随裂隙倾角的增大而减小，文献［165～167］也得出同样的结论。随摩擦系数增大，当裂隙倾角小于某值（该值称为临界裂隙倾角）时，初裂角恒为70.52°；当摩擦系数为0.0、0.2、0.4、0.6、0.8和1.0时，所对应的临界裂隙倾角（包含此值）分别为0°、11°、21°、30°、38°和45°。对于表面裂隙，当裂隙倾角逼近90°时，裂隙的初裂角为0°，且与摩擦系数无关，即岩体易沿裂隙面方向发生与加载方向一致的劈裂破坏。双向压缩条件下，初裂角随裂隙倾角的增大先减小后增大，初裂角随裂隙倾角的变化呈"U"形曲线，这一结论与文献［146，169］一致。当摩擦系数为1.0时，初裂角恒为70.52°，也就是说，裂隙尖端产生张拉扩展，且与裂隙倾角无关。

当裂隙倾角为 0° 时，裂隙面上的有效剪应力为 0，其初裂角为 ±70.52°，裂隙尖端可能产生两条对称的初始裂纹，这与实验观测结果一致，但初始裂纹并非是完全对称的角度。当裂隙倾角较小或较大时，初裂角亦可逼近 70.52°，即倾角不同的两条裂隙尖端均能产生张拉扩展，相比而言，当裂隙倾角较小时更易产生张拉扩展。

②初裂角随贯通率的增大而减小，曲线类似于"抛物线"。当贯通率逐渐趋近 1 时，初裂角逐渐逼近 0°，即相当于贯通裂隙沿裂隙面滑动的物理现象。当裂隙倾角较小时（侧压为 0 时倾角为 0°，侧压为 0.5 时倾角为 0° 和 15°），贯通裂隙的初裂角恒为 70.52°，说明这种条件下裂隙不会沿裂隙面滑动，而产生类似于受压劈裂的物理现象。

③初裂角随摩擦系数的增大而增大，这与文献［170~172］的研究结论一致。单向压缩条件下，裂隙倾角为 15°、30°、45°、60° 和 75°，当摩擦系数分别增大至 0.27、0.58、1.00、1.74 和 3.74 时，裂隙初裂角才达到 70.52°。一般摩擦系数是小于 1.00 的，所以在单向压缩条件下，当裂隙倾角大于 45°（包含 45°）时，裂隙面的有效剪应力可能不为 0，裂隙可能产生滑动，其余情况下裂隙可能处于黏合状态。双向压缩条件下，裂隙倾角为 15°、30°、45°、60° 和 75°，当摩擦系数分别增大至 0.22、0.44、0.67、0.87 和 0.79 时，裂隙初裂角才达到 70.52°。所以在双向压缩条件下，裂隙面的有效剪应力有可能为 0，裂隙也可能处于黏合状态。

④初裂角随侧压的增大而增大，其增幅随裂隙倾角的增大而增大，文献［155，173］用双向加载试验和理论分析均证实了这一结论，卢玉斌等采用 RFPA 研究了混凝土类材料在侧压为 0.0、0.1 和 0.2 的条件下裂纹扩展情况，其初裂角变化规律与本书结论一致。当不考虑摩擦影响时，裂隙面上的有效剪应力不为 0，裂隙可能产生滑动，这一现象与侧压大小无关。当考虑摩擦影响时，裂隙倾角为 15°、30°、45°、60° 和 75°，当侧压系数分别增大至 0.25、0.59、0.67、0.66 和 0.55 时，裂隙初裂角才达到 70.52°。所以在双向压缩条件下，裂隙面的有效剪应力可能为 0，裂隙也可能处于黏合状态。

3.1.4　压缩载荷下岩体表面裂隙的起裂载荷

将所求初裂角 φ_{c1} 代入式（3.2），可得最大剪应力 $\tau_{r\varphi\text{max}}$，根据最大剪应力理论的第二条即可得到基于抗剪强度的最大剪应力理论判据为：

$$\tau_{r\varphi max} = \frac{1}{2\sqrt{2\pi r_{cc}}}\cos\frac{\varphi_{c1}}{2}\left[K_{\mathrm{I}}\sin\varphi_{c1} + K_{\mathrm{II}}(3\cos\varphi_{c1}-1)\right] = \tau_c \quad (3.17)$$

式中，r_{cc} 为压缩载荷作用下裂纹扩展区半径。

若 $r \to 0$，则有 $\tau_{r\varphi max} \to \infty$，无法用具体的临界值来表征 $\tau_{r\varphi max}$。此处利用纯 II 型裂纹进行比较。令 $K_{\mathrm{I}}=0$，$\varphi_{c1}=0°$，则由式（3.2）中第三式可得：

$$\tau_{r\varphi c} = \frac{K_{\mathrm{II}c}}{\sqrt{2\pi r_{cc}}} \quad (3.18)$$

式中，临界剪应力 $\tau_{r\varphi c}$ 为 $\tau_{r\varphi}$ 的临界值，称为 II 型裂纹扩展的临界剪应力，且 $\tau_{r\varphi max}=\tau_{r\varphi c}$；$K_{\mathrm{II}c}$ 为 K_{II} 的临界值，称为岩石的剪切断裂韧度。

按最大剪应力理论容易得出关系式 $\tau_{r\varphi max}=\tau_{r\varphi c}=\tau_c$，则：

$$K_{\mathrm{II}c} = \tau_c\sqrt{2\pi r_{cc}} \quad (3.19)$$

只要知道岩石的抗剪强度和裂纹扩展区半径 r_{cc} 就可用式（3.19）进行 $K_{\mathrm{II}c}$ 的求解（估算）。应该注意，式（3.19）是在 $K_{\mathrm{I}}=0$、$\varphi_{c1}=0°$ 的条件下给出的，属于纯 II 型裂纹扩展，由此得到的抗剪强度属于纯剪强度，即 $\tau_c = C$。

将式（3.19）代入式（3.17）得到基于 II 型断裂韧度的最大剪应力准则判据：

$$\frac{1}{2}\cos\frac{\varphi_{c1}}{2}\left[K_{\mathrm{I}}\sin\varphi_{c1} + K_{\mathrm{II}}(3\cos\varphi_{c1}-1)\right] = K_{\mathrm{II}c} \quad (3.20)$$

令 σ_{cc} 为裂隙扩展的起裂载荷，将压缩载荷下的 K_{I} 和 K_{II} 代入式（3.20），整理可得：

$$\sigma_{cc} = \frac{2K_{\mathrm{II}c}}{\cos\dfrac{\varphi_{c1}}{2}\sqrt{\pi l}\left[F_{\mathrm{I}}^c\sin\varphi_{c1} + F_{\mathrm{II}}^c(3\cos\varphi_{c1}-1)\right]} \quad (3.21)$$

也可写成与抗剪强度的关系式：

$$\sigma_{cc} = \frac{2\alpha_c\tau_c}{\cos\dfrac{\varphi_{c1}}{2}\left[F_{\mathrm{I}}^c\sin\varphi_{c1} + F_{\mathrm{II}}^c(3\cos\varphi_{c1}-1)\right]} \quad (3.22)$$

其中，$\alpha_c = \sqrt{2r_{cc}/l}$。

图 3.8 为起裂载荷与抗剪强度之比 σ_{cc}/τ_c 的影响因素及变化规律，通过分析可知：

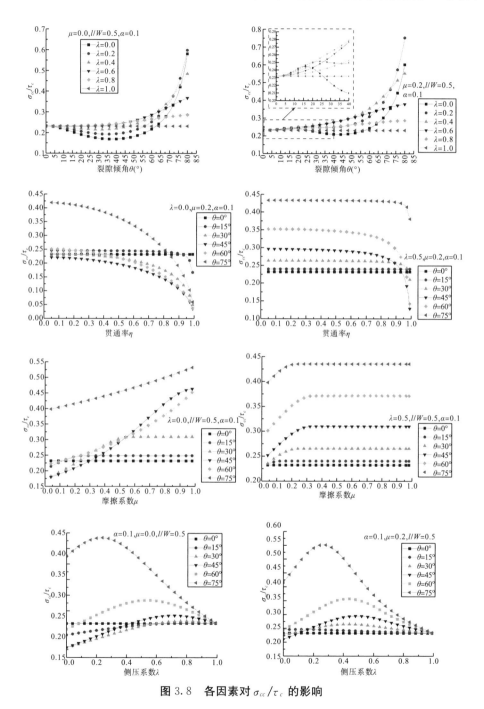

图 3.8   各因素对 σ_{cc}/τ_c 的影响

①若不考虑摩擦效应，当 $\lambda \leqslant 0.6$ 时，σ_{cc}/τ_c 随裂隙倾角的增大呈现先微弱减小后急速增大的变化规律，σ_{cc}/τ_c 在侧压系数为 0.0、0.2、0.4 和 0.6 时

取得最小值，分别为 0.170、0.193、0.216 和 0.230，所对应的裂隙倾角分别为 37°、35°、30°和 20°；当 $\lambda = 0.8$ 时，σ_{cc}/τ_c 随裂隙倾角的增大而增大；在裂隙倾角为 0°或双向等压条件下，σ_{cc}/τ_c 恒为 0.232，且与其他因素无关。若考虑摩擦效应（$\mu = 0.2$），当 $\lambda \leqslant 0.2$ 时，σ_{cc}/τ_c 随裂隙倾角的增大呈现先微弱增大再减小后急速增大的变化规律，σ_{cc}/τ_c 在侧压系数为 0.0 和 0.2 时取得最小值，分别为 0.210 和 0.230，所对应的裂隙倾角分别为 43°和 0°。可见，单向压缩条件下，倾角为 37°和 43°裂隙易产生剪切扩展，这与 M−C 准则给出的破裂角度接近。当侧压系数较大时，σ_{cc}/τ_c 随裂隙倾角的增大而增大。文献 [176] 对不同倾角条件下断续节理岩体进行了单轴压缩试验，得到试样的起裂载荷随节理组倾角的增大呈现先减小后增大的非线性变化结论，这与本书不考虑摩擦条件下所得结论相似，这可能是由断续节理在受压时裂隙并未（或并未完全）闭合，摩擦阻力并未（或并未完全）发挥作用而致。

②σ_{cc}/τ_c 随贯通率的增大而减小。非 0°的裂隙倾角均与 σ_{cc}/τ_c 负相关，曲线呈"抛物线"。若考虑侧压，贯通率对 σ_{cc}/τ_c 的影响微弱，贯通率取大值时 σ_{cc}/τ_c 剧减，对于表面裂隙，可认为 σ_{cc}/τ_c 不受贯通率的影响。

③σ_{cc}/τ_c 随摩擦系数的增大而增大。但当摩擦系数增大到一定值（称为临界摩擦系数）时，σ_{cc}/τ_c 变化非常微小，表明裂隙面的摩擦效应在一定程度上能起到抑制或延缓裂隙扩展的作用，这与文献 [177] 的研究结论一致。该临界摩擦系数与侧压系数和裂隙倾角有关，倾角为 30°，侧压系数分别为 0 和 0.5 时的临界摩擦系数分别为 0.58 和 0.25，临界摩擦系数与侧压系数负相关。

④σ_{cc}/τ_c 随侧压的增大呈现先增大后减小的变化规律，其峰值位置与裂隙倾角和摩擦系数密切相关。倾角为 45°，摩擦系数分别为 0.0 和 0.2 时，σ_{cc}/τ_c 峰值所对应的侧压系数分别为 0.71 和 0.49，这与前文所得取峰值时的侧压系数相同。文献 [178] 利用三轴压缩实验获取了不同围压下页岩的起裂载荷，并得到了起裂载荷随围压增大而增大的结论，且该试验中的侧压系数小于 0.3，如此可以证实本书的结论是合理的。

3.1.5 压缩载荷下岩体表面裂隙的扩展区半径

若已知含表面裂隙岩体的起裂载荷和完整岩体的抗剪强度等力学参量，可由式（3.19）计算出裂纹扩展区半径为：

$$r_{cc} = \frac{\sigma_{cc}^2 \cos^2 \dfrac{\varphi_{c1}}{2} \left[F_{\mathrm{I}}^c \sin\varphi_{c1} + F_{\mathrm{II}}^c (3\cos\varphi_{c1} - 1) \right]^2}{8\tau_c^2} l \qquad (3.23)$$

按照最大剪应力理论，在裂纹扩展区半径范围内，某一方向上的剪应力达到了材料的抗剪强度就会引起裂隙扩展。用 M-C 准则导出抗剪强度的表达式为：

$$\tau_c = \left| \frac{1}{2\sqrt{2\pi r_{cc}}} \cos\frac{\varphi_{c1}}{2} \left[K_I \sin\varphi_{c1} + K_{II}(3\cos\varphi_{c1}-1) \right] \right|$$

$$= \left| \frac{1}{2\sqrt{2\pi r_{cc}}} \cos\frac{\varphi_{c1}}{2} \left[K_I(1+\cos\varphi_{c1}) - 3K_{II}\sin\varphi_{c1} \right] \right| \tan\beta_0 + C$$

$$(3.24)$$

在单向压缩条件下，当裂隙倾角为 90° 时才有 $K_I = 0$，这时只有纯 II 型裂纹的初裂角才为 0°，此时的 K_{II} 为 II 型裂纹的 K_{IIc}，由式（3.24）可得 $K_{IIc} = C\sqrt{2\pi r_{cc}}$，这与前文给出的计算式一致。由此式既可以估算 II 型裂纹的断裂韧度，又可以在获取 II 型裂纹断裂韧度之后进行裂纹扩展区半径的估算，但需配合试验得出 C 和 β_0 才能计算抗剪强度，不便应用。

根据最大剪应力（应变）准则，在裂隙尖端一定区域内（即为裂纹扩展区半径）的某一方向上的剪应力（应变）达到了材料的极限应力（应变）就会引起裂纹扩展。设材料在破坏前和破坏临界状态仍然满足胡克定律，那么由最大剪应力准则可以推断，当外载荷达到起裂载荷时，裂隙产生扩展，在裂纹扩展区半径范围内，作用于裂纹扩展方向上的剪应力必然等于抗剪强度。可见，我们也可以从外载荷达到起裂载荷为条件来得到扩展方向上的剪应力，该剪应力即为抗剪强度。

如图 3.9 所示，设裂隙尖端为一个椭圆形，则其附近任一点的切向应力为：

$$\sigma_\varphi = \sigma_{x'} + \sigma_{y'} - \frac{\left[(a-b)(\sigma_{y'}+\sigma_{x'}) + (a+b)(\sigma_{y'}-\sigma_{x'}) \right](a\sin^2\varphi - b\cos^2\varphi)}{a^2\sin^2\varphi + b^2\cos^2\varphi}$$

$$(3.25)$$

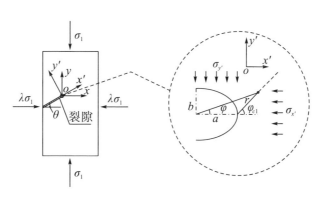

图 3.9　表面裂隙尖端的椭圆形模型

若令 $\sigma_{x'} = \lambda_c \sigma_{y'}$，$m = a/b$，定义切向应力集中系数为 $k_\varphi = \sigma_\varphi / \sigma_{y'}$，代入式（3.25）得：

$$k_\varphi = 1 + \lambda_c - \frac{[(m-1)(1+\lambda_c) + (m+1)(1-\lambda_c)](m\sin^2\varphi - \cos^2\varphi)}{m^2\sin^2\varphi + \cos^2\varphi}$$

$$(3.26)$$

式中，k_φ 与应力的作用形式无关，也就是说，式（3.26）同时适合压应力和拉应力的情况。注意到式（3.26）需要用 φ 才能求得任一点处的集中系数，而 φ 是任意给出的，只有在已知 φ_{c1} 和裂纹扩展区半径 r 的前提下才能确定 φ 的大小。裂纹扩展区半径 r 是我们要求解的未知量，所以我们无法算出裂尖附近任一点的 φ。但比较 φ 和 φ_{c1} 发现，当裂纹扩展区半径 r 远大于椭圆裂尖的半长轴 a 时，φ 和 φ_{c1} 可以近似相等。显然，在裂尖这样一个微小空间条件下，a 要比裂纹扩展区半径 r 小得多，所以可以近似用 φ_{c1} 代替 φ 来计算应力集中系数。不难得出，φ_{c1} 方向上的应力集中系数是恒值，这也成为裂隙能沿某一方向扩展的重要原因，但当裂纹扩展到一定程度后，受裂纹长度等几何因素和裂尖应力强度因子等力学因素的影响，初裂角发生了改变而使裂隙扩展路径是弯弯曲曲的。

图 3.9 中，λ_c 是建立在 $x'oy'$ 坐标系下的侧向应力系数，即表示了平行于裂隙面方向应力与垂直于裂隙面方向应力的比值。由应力转换可得：

$$\lambda_c = \frac{\sigma_{x'}}{\sigma_{y'}} = \frac{\lambda + \tan^2\theta}{1 + \lambda\tan^2\theta} \tag{3.27}$$

由以上分析可得：

$$\sigma_\varphi = k_\varphi \sigma_{y'} = k_\varphi(\cos^2\theta + \lambda\sin^2\theta)\sigma_{cc} \tag{3.28}$$

若能得到裂尖剪应力与切应力的比值，那么就能由其给出裂尖附近剪应力的集中系数。基于这一思路，由断裂力学给出的裂尖应力计算式（3.2）可得剪应力与切应力之比：

$$\psi = \frac{\tau_{r\varphi}}{\sigma_\varphi} = \frac{K_I\sin\varphi + K_{II}(3\cos\varphi - 1)}{K_I(1+\cos\varphi) - 3K_{II}\sin\varphi} \tag{3.29}$$

代入压缩载荷下裂隙尖端的应力强度因子，得：

$$\psi = \frac{\tau_{r\varphi}}{\sigma_\varphi} = \begin{cases} \dfrac{F_I^c\sin\varphi + F_{II}^c(3\cos\varphi - 1)}{F_I^c(1+\cos\varphi) - 3F_{II}^c\sin\varphi}, & |\tau_n| \geqslant \mu|\sigma_n| \\[2ex] \dfrac{\sin\varphi}{1+\cos\varphi}, & |\tau_n| < \mu|\sigma_n| \end{cases} \tag{3.30}$$

进一步可写为：

$$\psi = \frac{\tau_{r\varphi}}{\sigma_\varphi} = \begin{cases} \dfrac{1.12\sin\varphi \sqrt{1-(\eta^{ii})^2} + \left[\dfrac{(1-\lambda)\sin\theta\cos\theta}{\cos^2\theta + \lambda \sin^2\theta} - \mu\right](3\cos\varphi - 1)}{1.12(1+\cos\varphi)\sqrt{1-(\eta^{ii})^2} - 3\left[\dfrac{(1-\lambda)\sin\theta\cos\theta}{\cos^2\theta + \lambda \sin^2\theta} - \mu\right]\sin\varphi}, |\tau_n| \geqslant \mu|\sigma_n| \\[6pt] \dfrac{\sin\varphi}{1+\cos\varphi}, |\tau_n| < \mu|\sigma_n| \end{cases}$$

$$(3.31)$$

由此可将抗剪强度写为:

$$\tau_c = \tau_{r\varphi} = \psi\sigma_\varphi = \psi k_\varphi (\cos^2\theta + \lambda \sin^2\theta)\sigma_{cc} = \zeta_c\sigma_{cc} \qquad (3.32)$$

式中，$\zeta_c = \psi k_\varphi(\cos^2\theta + \lambda \sin^2\theta)$，$\zeta_c$ 表征了岩体表面裂隙的起裂载荷与岩体抗剪强度之间的关系，称为压缩载荷条件下的表面裂隙岩体的强度系数。

将式（3.32）代入式（3.23）可得裂纹扩展区半径：

$$r_{cc} = \frac{\cos^2\dfrac{\varphi_{c1}}{2}\left[F_{\mathrm{I}}^c \sin\varphi_{c1} + F_{\mathrm{II}}^c(3\cos\varphi_{c1} - 1)\right]^2}{8\zeta_c^2}l \qquad (3.33)$$

3.2　三点弯曲载荷下岩体表面裂隙的初始扩展

3.2.1　三点弯曲载荷下岩体表面裂隙的应力强度因子

受斜裂隙倾角和位置的影响，裂尖的应力强度因子难以精确表达或计算式相对复杂。文献［182～184］应用 Williams 应力函数解中的对称及反对称项给出了应力强度因子的计算公式，但相对复杂，仅适合用于边界配置法来计算。文献［185，186］给出了应力强度因子的近似计算公式，但该公式是在特定条件下拟合得出的，不具有普遍适用性。

3.2.1.1　三点弯曲载荷下岩体横截面与斜截面的应力转换

本书规定弯矩的正负与材料力学中的规定相同（表面裂隙自由边位于岩体下边界，且加载方式如图 3.10 所示）。当裂隙位于集中力的左侧时，截面（包括横截面和裂隙面及其延伸方向所在斜截面，下同）的左段对右段向上错动时剪力为正，截面的左段对右段向下错动时剪力为负；当裂隙位于集中力的右侧时，截面的左段对右段向下错动时剪力为正，截面的左段对右段向上错动时剪力为负。将弯矩在截面上所形成的应力定义为名义正应力，剪力在截面上所形成的应力定义为名义剪应力。正应力为拉应力时，为正；反之，为负。剪应力的正负与截面上剪力的正负一致。书中若未作说明，三点弯曲载荷下岩体截面上的正应力和剪应力均指名义正应力和名义剪应力。

为统一表述，将位于集中载荷（图 3.10）作用位置以右（左）的裂隙称为上（下）位裂隙，当表面裂隙自由边与集中载荷在同一竖直面内时称为中位裂隙，按裂隙的倾斜方向又分为上向裂隙（裂隙向右倾斜）和下向裂隙（裂隙向左倾斜）。研究表明，三点弯曲载荷下，裂隙尖端的应力强度因子是由横截面上的名义正应力和名义剪应力引起的。基于此，可构造一个裂尖位置不变而裂隙面与载荷方向平行的裂隙，即将原斜裂隙投影到裂尖所在竖直面上虚拟成一条新裂隙，称为虚拟裂隙。虚拟裂尖位置不变，其长度为原斜裂隙在竖平面上的投影。

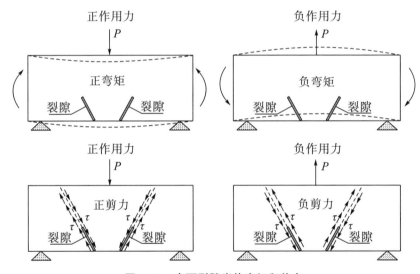

图 3.10　表面裂隙岩体弯矩和剪力

斜裂隙岩体模型如图 3.11 所示，由裂隙所在平面的延伸面（在平面图形中该延伸面缩为直线 AC）、过裂隙尖端垂直于模型上边界的平面（该垂直平面在图中缩为直线 AB）和模型上边界共同包围形成一个三棱柱体，该三棱柱的横截面即为 $\triangle ABC$。假设在三点弯曲载荷下 $\triangle ABC$ 不变形，且 $\triangle ABC$ 做非常缓慢的匀速运动（忽略其做旋转运动），这样可用力学平衡原理求得作用于斜截面 AC 上的应力。取垂直于 $\triangle ABC$ 所在平面方向单位厚度，将面 AB 上的正应力和剪应力等效转换至面 AC 上，按照力的平衡原理可得：

$$\begin{cases} \sigma\,\overline{AB} = \sigma'\,\overline{AC}\cos\theta + \tau'\,\overline{AC}\sin\theta \\ \tau\,\overline{AB} = \tau'\,\overline{AC}\cos\theta - \sigma'\,\overline{AC}\sin\theta \end{cases} \tag{3.34}$$

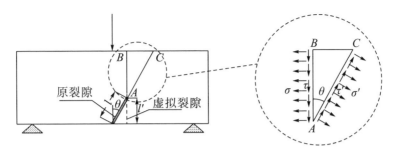

图 3.11　**斜裂隙岩体模型**

将三角关系式 $\overline{AB}/\overline{AC}=\cos\theta$ 代入式（3.34），求解得斜截面上的应力为：

$$\begin{cases} \sigma' = \sigma\cos^2\theta - \tau\sin\theta\cos\theta \\ \tau' = \sigma\sin\theta\cos\theta + \tau\cos^2\theta \end{cases} \tag{3.35}$$

3.2.1.2　三点弯曲载荷下岩体截面应力与应力强度因子的关系

无限大岩板中的贯穿裂隙和半无限大岩板的边裂隙的应力强度因子为：

$$\begin{cases} K_{\mathrm{I}} = \alpha\sigma\sqrt{\pi l} \\ K_{\mathrm{II}} = \beta\tau\sqrt{\pi l} \end{cases} \tag{3.36}$$

式中，α 和 β 分别为 Ⅰ 型和 Ⅱ 型裂纹的几何形状因子；σ 和 τ 分别为拉应力和剪应力，注意此处拉应力方向垂直于裂隙面，剪应力方向平行于裂隙面；l 为裂隙长度。

由式（3.36）可写出应力表达式：

$$\begin{cases} \sigma = \dfrac{K_{\mathrm{I}}}{\alpha\sqrt{\pi l}} \\ \tau = \dfrac{K_{\mathrm{II}}}{\beta\sqrt{\pi l}} \end{cases} \tag{3.37}$$

用 $K_{\mathrm{I}o}$ 和 $K_{\mathrm{I}s}$ 分别表示原斜裂隙和虚拟竖裂隙的 Ⅰ 型应力强度因子；用 $K_{\mathrm{II}o}$ 和 $K_{\mathrm{II}s}$ 分别表示原斜裂隙和虚拟竖裂隙的 Ⅱ 型应力强度因子。由式（3.35)和式（3.37）得：

$$\begin{cases} \dfrac{K_{\mathrm{I}o}}{\alpha\sqrt{\pi l}} = \dfrac{K_{\mathrm{I}s}}{\alpha\sqrt{\pi l'}}\cos^2\theta - \dfrac{K_{\mathrm{II}s}}{\beta\sqrt{\pi l'}}\sin\theta\cos\theta \\ \dfrac{K_{\mathrm{II}o}}{\beta\sqrt{\pi l}} = \dfrac{K_{\mathrm{I}s}}{\alpha\sqrt{\pi l'}}\sin\theta\cos\theta + \dfrac{K_{\mathrm{II}s}}{\beta\sqrt{\pi l'}}\cos^2\theta \end{cases} \tag{3.38}$$

由断裂力学易知，当为无限大岩板中的贯穿裂隙时，$\alpha=\beta=1$；当为半无限大岩板中的边裂隙时，$\alpha=\beta=1.1215$。由此可见，在无限大岩板和半无限大岩板条件下，Ⅰ型和Ⅱ型裂纹的几何形状因子是相等的，其应力强度因子仅与拉应力 σ 和剪应力 τ 有关。为了简化问题的复杂性，当裂隙长度相较于模型尺寸较小（即本书定义的表面裂隙）时，可将此时的裂隙体按半无限大岩板情况来考虑，即假定Ⅰ型和Ⅱ型裂纹的几何形状因子相等。

综上，将 $\alpha = \beta$ 和 $l' = l\cos\theta$ 代入式（3.38）并整理可得：

$$\begin{cases} K_{\mathrm{I}o} = K_{\mathrm{I}s}\cos^{3/2}\theta - K_{\mathrm{II}s}\sin\theta\ \sqrt{\cos\theta} \\ K_{\mathrm{II}o} = K_{\mathrm{I}s}\sin\theta\ \sqrt{\cos\theta} + K_{\mathrm{II}s}\cos^{3/2}\theta \end{cases} \quad (3.39)$$

对于裂隙尖端位于中部的模型，裂隙尖端位置处横截面上的剪应力为 0，则有 $K_{\mathrm{II}s}=0$。那么，由式（3.39）可得裂隙尖端位于模型中部的斜裂隙应力强度因子表达式：

$$\begin{cases} K_{\mathrm{I}o} = K_{\mathrm{I}s}\cos^{3/2}\theta \\ K_{\mathrm{II}o} = K_{\mathrm{I}s}\sin\theta\ \sqrt{\cos\theta} \end{cases} \quad (3.40)$$

显然，位于中部的竖裂隙模型有 $\theta = 0°$，由式（3.40）易知，$K_{\mathrm{I}o}=K_{\mathrm{I}s}$，$K_{\mathrm{II}o}=0$。此时与无偏置竖裂隙应力强度因子表达式相同，这与理论和试验相符。

3.2.1.3 三点弯曲载荷下岩体斜裂隙模型的几何表征

如图 3.12 所示，按照第二章定义得偏置裂隙的偏置系数为：

$$\omega = \frac{\Delta}{H/2} = \frac{\Delta}{S/2 + S_\Delta} \quad (3.41)$$

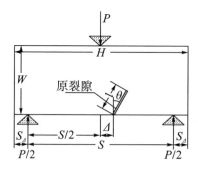

图 3.12 三点弯曲试验加载模型

一般情况下，支撑点距岩体边缘的距离 S_Δ 相比 $S/2$ 很小，忽略后得偏置系数为：

$$\omega = \frac{\Delta}{S/2} \quad (3.42)$$

　　根据裂隙倾角、长度和偏置量（位置）的不同，并考虑对称性，偏置斜裂隙模型有四种状态，如图 3.13 所示。图 3.13 中，θ 为裂隙的倾角；l 和 l' 分别为原裂隙和虚拟裂隙的长度；l'' 是偏置斜裂隙在水平面上的投影长度，$l'' = l\sin\theta$；l' 是虚拟裂隙的长度，$l' = l\cos\theta$；S_b 是虚拟裂隙的偏置量，称为虚拟偏置量，规定虚拟偏置量恒为正值。虚拟裂隙的偏置量可分为四种情况进行计算。

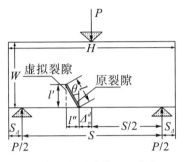

（a）下位下向裂隙模型（状态一）

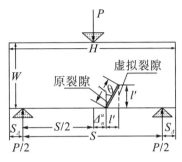

（b）上位上向裂隙模型（状态一）

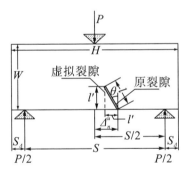

（c）上位下向裂隙模型<1>（状态二）

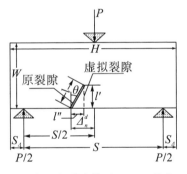

（d）下位上向裂隙模型<1>（状态二）

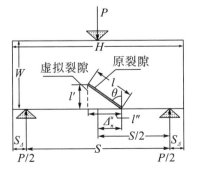

（e）上位下向裂隙模型<2>（状态三）

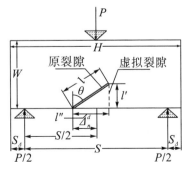

（f）下位上向裂隙模型<2>（状态三）

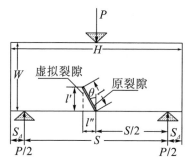

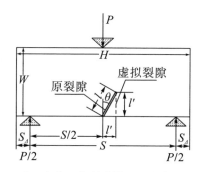

（g）中位下向裂隙模型（状态四）　　　（h）中位上向裂隙模型（状态四）

图 3.13　偏置斜裂隙的虚拟化模型分类

①对于上位上向裂隙模型和下位下向裂隙模型，如图 3.13（a）（b）所示，虚拟裂隙的偏置量计算式为：

$$S_b^{ij} = \Delta_n^i + l'' = \Delta_n^i + l\sin\theta \tag{3.43}$$

式中，$i=j=(u,\ d)$；$i=(u,\ d)$；S_b^{uu} 和 S_b^{dd} 分别为上位上向裂隙模型和下位下向裂隙模型的虚拟偏置量。下文符号的表示方法与此相同，上位上向裂隙模型和下位下向裂隙模型的虚拟偏置量的表达式同型，其区别仅在于 Δ 的取值位置不同。

②对于上位下向裂隙模型和下位上向裂隙模型，又分为<1>和<2>两种情形。如图 3.13（c）（d）所示情形<1>，存在 $\Delta \geqslant l\,|\sin\theta|$，即 $|\sin\theta| \leqslant \Delta/l$。如图 3.13（e）（f）所示情形<2>，存在 $\Delta \leqslant l\,|\sin\theta|$，即 $|\sin\theta| \geqslant \Delta/l$。两种情形下的虚拟偏置量写为：

$$S_b^{ij} = \begin{cases} \Delta_n^i - l'' = \Delta_n^i + l\sin\theta, & \Delta \geqslant l\,|\sin\theta| \\ l'' - \Delta_n^i = -l\sin\theta - \Delta_n^i, & \Delta \leqslant l\,|\sin\theta| \end{cases} \tag{3.44}$$

式中，$(u,\ d)=i\neq j=(u,\ d)$。则有 S_b^{ud} 和 S_b^{du} 分别为上位下向裂隙模型和下位上向裂隙模型的虚拟偏置量。

③对于中位裂隙模型，如图 3.13（g）（h）所示，即 $\Delta=0$，由式（3.25）可得中位裂隙的虚拟偏置量计算式为：

$$S_b^{ij} = l\sin\theta \tag{3.45}$$

式中，$m=i\neq j=(u,\ d)$；$i=m$ 表示中位裂隙；S_b^{mu} 和 S_b^{md} 分别为中位上向裂隙模型和中位下向裂隙模型的虚拟偏置量。

特别地，当 $|\sin\theta|=\Delta/l$ 时，对于上位下向裂隙模型和下位上向裂隙模型可虚拟为无偏置裂隙模型，即 $S_b^{ij}=0$。

根据上述规则和说明，可进一步将式（3.43）~式（3.45）写为：

$$S_b^{ij} = \left| \Delta_n^i + l\sin\theta \right| \tag{3.46}$$

在三点弯曲条件下，定义裂隙的虚拟偏置系数为：

$$\omega_s = \frac{S_b}{S/2} \tag{3.47}$$

裂隙的虚拟偏置系数表示虚拟裂隙偏离模型中心程度的参量，简称为虚拟偏置系数，其取值区间为 $\omega_s \in [0, 1)$。

将式（3.46）代入式（3.47），则上位上向裂隙和下位下向裂隙的虚拟偏置系数可写为：

$$\omega_s^{ij} = \frac{S_b^{ij}}{S/2} = \frac{\left| \Delta_n^i + l\sin\theta \right|}{S/2} \tag{3.48}$$

将式（2.9）代入式（3.48）并进行整理可得：

$$\omega_s^{ij} = \left| \omega_n^i + 2\frac{W}{S}\eta^{ij}\tan\theta \right| \tag{3.49}$$

通过对偏置斜裂隙模型的虚拟转换，原裂隙的长度等效为 l'。根据贯通率的定义，虚拟裂隙贯通率（偏置斜裂隙模型的等效贯通率）可表示为：

$$\eta_s = \frac{l'}{W} = \frac{l}{W}\cos\theta = \eta \tag{3.50}$$

3.2.1.4　三点弯曲载荷下岩体斜裂隙的应力强度因子

在载荷对称条件下，无偏置竖裂隙只产生Ⅰ型扩展，断裂力学中给出了三点弯曲条件下无偏置竖裂隙的应力强度因子计算式：

$$K_{\mathrm{I}} = \frac{M_{\max}}{BW^{3/2}}f\left(\frac{l}{W}\right) \tag{3.51}$$

式中，B 为模型的厚度；W 为模型的高度；$M_{\max}$ 为模型的最大弯矩，$M_{\max} = PS/4$；

$f\left(\frac{l}{W}\right) = 4\left[2.9\left(\frac{l}{W}\right)^{\frac{1}{2}} - 4.0\left(\frac{l}{W}\right)^{\frac{3}{2}} + 21.8\left(\frac{l}{W}\right)^{\frac{5}{2}} - 37.6\left(\frac{l}{W}\right)^{\frac{7}{2}} + 38.7\left(\frac{l}{W}\right)^{\frac{9}{2}}\right]$，是无量纲量；$l$ 为竖直裂隙的长度。

原斜裂隙经过虚拟化后，若其裂隙尖端位于模型几何中心位置，用虚拟裂隙的长度 $l' = l\cos\theta$ 来替换式（3.51）中的 l，可得裂尖位于模型中部的斜裂隙应力强度因子为：

$$\begin{cases} K_{\mathrm{I}o} = \dfrac{M_{\max}}{BW^{3/2}}f\left(\dfrac{l\cos\theta}{W}\right)\cos^{3/2}\theta \\[2ex] K_{\mathrm{II}o} = \dfrac{M_{\max}}{BW^{3/2}}f\left(\dfrac{l\cos\theta}{W}\right)\sin\theta\sqrt{\cos\theta} \end{cases} \tag{3.52}$$

令 $\theta=0°$（即为竖裂隙）时，$K_{\mathrm{I}o}=\dfrac{M_{\max}}{BW^{3/2}}f\left(\dfrac{l}{W}\right)$，$K_{\mathrm{II}o}=0$，这与断裂力学中所给出的应力强度因子计算式相同。值得注意的是，式（3.52）并未考虑裂隙偏置系数对应力强度因子的影响，这也是计算结果造成较大相差的原因之一。令 $f_{\mathrm{I}o}=f\left(\dfrac{l\cos\theta}{W}\right)\cos^{3/2}\theta$，$f_{\mathrm{II}o}=f\left(\dfrac{l\cos\theta}{W}\right)\sin\theta\sqrt{\cos\theta}$，$f_{\mathrm{I}o}$ 和 $f_{\mathrm{II}o}$ 分别为 I 型和 II 型裂纹的无量纲因子。

由表 3.2 可以看出，$f_{\mathrm{I}o}$ 与文献相差较小，$f_{\mathrm{II}o}$ 与文献相差较大。这是因为本书计算的 $f_{\mathrm{I}o}$ 和 $f_{\mathrm{II}o}$ 是裂隙尖端位于模型中部，而文献中的数值是裂隙尖端偏离模型中部，这两者在本质上是不同的。在倾角较小的条件下，本书计算所得数据相对稳定，也偏于安全，能为工程实际提供一定参考。

表 3.2　不同倾角条件下上位上向裂隙的 $f_{\mathrm{I}o}$ 和 $f_{\mathrm{II}o}$

ω_n^i	θ (°)	$f_{\mathrm{I}o}$			$f_{\mathrm{II}o}$		
		本书	文献 [182]	相差值（%）	本书	文献 [182]	相差值（%）
0	10	10.3523	11.0614	−6.41	1.9358	3.2079	−65.71
	20	9.5385	8.7125	9.48	3.4717	2.4954	28.12
	30	7.5588	6.9570	8.65	3.4631	2.0036	42.14
	40	5.4544	5.2587	3.72	4.5768	1.9920	56.47

于骁中等认为，K_{I} 是由裂隙所在断面的弯矩和有效断面积引起的，K_{II} 是由裂隙所在断面的剪力引起的，文献 [189] 也得出类似的结论。由于有效断面积减小，裂隙尖端剪应力集中程度增大，$K_{\mathrm{II}}BW^{1/2}/P$ 随 a/W 的增大而增大。在 $1/5\leqslant 2S_0/S\leqslant 4/5$ 范围内，偏竖裂隙的应力强度因子公式为：

$$\begin{cases} K_{\mathrm{I}}=\left(4.1102-0.0525\dfrac{S}{W}\right)\dfrac{M_c}{B\,(W-a)^{3/2}} \\ K_{\mathrm{II}}=\left[0.1541+0.0705\dfrac{S}{W}+\left(0.4964-0.1321\dfrac{S}{W}\right)\dfrac{2S_0}{S}\right]\dfrac{P\,\sqrt{W}}{B(W-a)} \end{cases}$$

$$(3.53)$$

式中，B 为模型的厚度；M_c 为裂隙位置处横截面的弯矩。

对于斜裂隙，式（3.53）中 $W-a$ 应为虚拟裂隙所在截面的虚拟梁深 $W-l\cos\theta$，第一式中的 M_c 应为斜裂隙尖端（虚拟裂隙）所在横截面上的弯矩；第二式中的剪力是裂隙尖端（虚拟裂隙）所在横截面上的剪力。

由几何关系容易得到图 3.14 中的 l_1 分别为：

$$l_1 = \begin{cases} S/2 - (\Delta + l'') & \text{图 3.14(a)} \\ S/2 - (\Delta - l'') & \text{图 3.14(b)} \\ S/2 - (l'' - \Delta) & \text{图 3.14(c)} \\ S/2 - l'' & \text{图 3.14(d)} \end{cases} \tag{3.54}$$

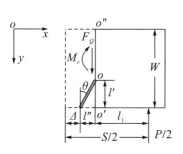

（a）上位上向裂隙模型右部分（状态一）

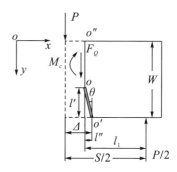

（b）上位下向裂隙模型右部分（状态二）

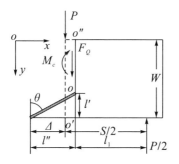

（c）下位上向裂隙模型右部分（状态三）

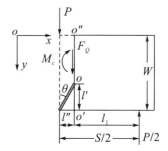

（d）中位上向裂隙模型右部分（状态四）

图 3.14　偏置斜裂隙模型的力学分析

由虚拟偏置系数的定义及计算式可将式（3.54）改写为：

$$l_1 = S(1 - \omega_s^{ij})/2 \tag{3.55}$$

由静力平衡关系和力矩平衡可得：

$$\begin{cases} F_Q = P/2 \\ M_c = Pl_1/2 = \dfrac{PS}{4}(1 - \omega_s^{ij}) \end{cases} \tag{3.56}$$

将式（3.56）代入式（3.53），并用 $W - l\cos\theta$ 替换 $W - a$，用 ω_s^{ij} 替换 $2S_0/S$，可得：

$$\begin{cases} K_{Is} = \left(4.1102 - 0.0525\dfrac{S}{W}\right)\dfrac{(1-\omega_s^{ij})M_{\max}}{BW^{3/2}(1-\eta_s)^{3/2}} \\[4mm] K_{IIs} = \left[0.1541 + 0.0705\dfrac{S}{W} + \left(0.4964 - 0.1321\dfrac{S}{W}\right)\omega_s^{ij}\right]\dfrac{P}{B\sqrt{W}(1-\eta_s)} \end{cases}$$

$$(3.57)$$

将式（3.57）改写为：

$$\begin{cases} K_{Is} = Y_I\dfrac{M_{\max}}{BW^{3/2}} \\[4mm] K_{IIs} = Y_{II}\dfrac{P}{B\sqrt{W}} \end{cases}$$

$$(3.58)$$

式中，Y_I 和 Y_{II} 为无量纲量，其表达式为：

$$\begin{cases} Y_I = \left(4.1102 - 0.0525\dfrac{S}{W}\right)\dfrac{1-\omega_s^{ij}}{(1-\eta_s)^{3/2}} \\[4mm] Y_{II} = \left[0.1541 + 0.0705\dfrac{S}{W} + \left(0.4964 - 0.1321\dfrac{S}{W}\right)\omega_s^{ij}\right]\dfrac{1}{1-\eta_s} \end{cases}$$

$$(3.59)$$

根据式（3.39），将式（3.58）改写为：

$$\begin{cases} K_{Io} = Y_I\dfrac{PS}{4BW^{3/2}}\cos^{3/2}\theta - Y_{II}\dfrac{P}{B\sqrt{W}}\sin\theta\sqrt{\cos\theta} \\[4mm] K_{IIo} = Y_I\dfrac{PS}{4BW^{3/2}}\sin\theta\sqrt{\cos\theta} + Y_{II}\dfrac{P}{B\sqrt{W}}\cos^{3/2}\theta \end{cases}$$

$$(3.60)$$

由式（3.60）可求得三点弯曲载荷条件下表面斜裂隙的应力强度因子。令 $\theta=0°$（即为竖裂隙），则有 $K_{Io}=Y_I\dfrac{PS}{4BW^{3/2}}$，$K_{IIo}=Y_{II}\dfrac{P}{B\sqrt{W}}$。这与于骁中所给计算式相同，在 $1/5\leqslant 2S_0/S\leqslant 4/5$ 范围内有同样的精度。

为了便于与其他文献比较，将式（3.60）整理为：

$$\begin{cases} K_{Io} = Y_{Io}\dfrac{M_{\max}}{BW^{3/2}} \\[4mm] K_{IIo} = Y_{IIo}\dfrac{P}{B\sqrt{W}} \end{cases}$$

$$(3.61)$$

式中，Y_{Io} 和 Y_{IIo} 是无量纲量，其计算式为：

$$\begin{cases} Y_{Io} = Y_I\cos^{3/2}\theta - Y_{II}\dfrac{4W}{S}\sin\theta\sqrt{\cos\theta} \\[4mm] Y_{IIo} = Y_I\dfrac{S}{4W}\sin\theta\sqrt{\cos\theta} + Y_{II}\cos^{3/2}\theta \end{cases}$$

$$(3.62)$$

已有文献中同时考虑贯通率、偏置系数和倾角的应力强度因子数据非常少，文献［184］中列出了一部分可与本书进行对比的相关数据，与式（3.62）的计算结果对比见表 3.3 和表 3.4（表中的相差以文献［184］计算值为参考）。

表 3.3　不同倾角条件下上位上向裂隙的 Y_{Io} 和 Y_{IIo}

ω_n^i	θ（°）	Y_{Io}			Y_{IIo}		
		本书	文献［184］	相差值（%）	本书	文献［184］	相差值（%）
1/3	5	6.9596	7.3834	−5.74	1.4568	1.089	33.77
	10	6.4251	6.9422	−7.45	1.9747	1.1186	76.54
	15	5.7867	5.8357	−0.84	2.3837	1.1297	111.00
	30	3.6422	3.5404	2.87	2.9015	1.2208	137.67
	40	2.3469	2.4363	−3.67	2.7476	1.2602	118.03

表 3.4　$\omega = 1/6$ 时上位上向竖裂隙的 Y_{Io} 和 Y_{IIo}

l/W	Y_{Io}、Y_{IIo}	θ（°）				
		0	10	22.5	35	45
0.40	Y_{Io} 本书	6.9933	6.3292	4.9863	3.4394	2.2887
	文献［184］	8.3264	6.3498	3.9075	2.7755	2.2769
	相差值（%）	−16.01	−0.32	27.61	23.92	0.52
	Y_{IIo} 本书	0.7179	1.8304	2.7722	3.1102	2.9955
	文献［184］	0.6891	1.1077	0.9623	1.6105	1.0282
	相差值（%）	4.19	65.24	188.08	93.12	191.33
0.45	Y_{Io} 本书	7.9682	7.1530	5.5256	3.7084	2.4062
	文献［184］	8.5012	7.3011	7.5515	7.1668	3.3611
	相差值（%）	−6.27	−2.03	−26.83	−48.26	−28.41
	Y_{IIo} 本书	0.7832	2.0386	3.0510	3.3433	3.1486
	文献［184］	0.7344	1.3217	2.2882	2.6079	1.7390
	相差值（%）	6.65	54.24	33.33	28.20	81.06

l/W	Y_{Io}、Y_{IIo}		θ（°）				
			0	10	22.5	35	45
0.50	Y_{Io}	本书	9.1929	8.1799	6.1808	4.0227	2.5384
		文献［184］	8.6594	8.3351	7.6827	7.3917	4.3318
		相差值（%）	6.16	−1.86	−19.55	−45.58	−41.40
	Y_{IIo}	本书	0.8615	2.2947	3.3872	3.6143	3.3205
		文献［184］	0.7684	1.2993	2.2468	1.7339	1.8987
		相差值（%）	12.12	76.61	50.76	108.45	74.88
0.55	Y_{Io}	本书	10.7668	9.4880	6.9906	4.3941	2.6884
		文献［184］	11.3523	9.8723	7.7028	4.3616	3.7863
		相差值（%）	−5.16	−3.89	−9.25	0.75	−29.00
	Y_{IIo}	本书	0.9573	2.6167	3.7996	3.9329	3.5146
		文献［184］	1.3835	1.7681	2.3662	2.4232	1.9251
		相差值（%）	30.81	47.99	60.58	62.30	82.57
0.60	Y_{Io}	本书	12.8474	11.1989	8.0118	4.8389	2.8598
		文献［184］	13.4437	11.3225	8.3040	6.0529	4.1153
		相差值（%）	−4.44	−1.09	−3.52	−20.06	−30.51
	Y_{IIo}	本书	1.0769	3.0316	4.3156	4.3122	3.7356
		文献［184］	0.9035	1.5710	1.9683	2.2145	1.7789
		相差值（%）	19.19	92.97	119.26	94.73	109.99

由表 3.3 发现：Y_{Io} 相较于 Y_{IIo} 与文献吻合较好，变化规律也一致；Y_{Io} 最大相差不超过 8%，Y_{IIo} 在倾角较小的情况下与其吻合较好，变化规律也基本一致；当倾角超过 15°时，其相差翻倍增加。

由表 3.4 发现：Y_{Io} 相较于 Y_{IIo} 与文献吻合较好，变化规律也与文献一致；Y_{Io} 相差在 0.32% ～48.26% 之间，平均 24.29%，Y_{IIo} 相差在 4.19% ～191.33%之间，平均 97.96%，且两者相差均随倾角的增大而增大。可见，Y_{Io} 的计算较可靠，而 Y_{IIo} 的计算结果在偏置系数较高时出现翻倍增大。本书应用最大周向拉应力准则（与 Y_{Io} 有关）进行裂隙扩展的判定，故 Y_{IIo} 对其影响不大。

3.2.1.5 裂隙几何参数对无量纲因子的影响分析

以上位上向（下位下向）裂隙模型为例，考察 $S/W=4$ 条件下裂隙倾角、贯通率和偏置系数对 Y_{I_o} 和 Y_{Π_o} 的影响，如图 3.15 所示。通过分析可知：

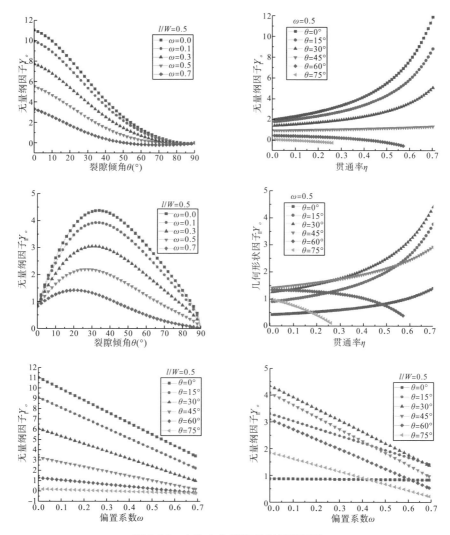

图 3.15 上位上向裂隙的无量纲因子

①倾角与 Y_{I_o} 和 Y_{Π_o} 呈非线性关系。Y_{I_o} 随裂隙倾角的增大而减小，Y_{Π_o} 随裂隙倾角的增大呈现先增大后减小的变化规律，并逐渐趋近于 0，这是由作用于裂隙所在平面上的应力变化而引起的。随倾角增大，裂尖所在竖直面的弯矩减小，剪力则快速由小增大至常量，但由于倾角增大引起裂隙面延伸方向的面

积增大，使作用在该平面上的拉应力逐渐减小，剪应力则呈现为先增大后减小的变化规律。若从 K 准则出发来分析，随裂隙倾角增大，沿裂尖产生拉伸断裂的可能性大大降低，而产生剪切断裂的可能性与 K_{II} 的大小有关。

②贯通率与 Y_{Io} 和 Y_{IIo} 呈非线性关系。当倾角≤45°时，Y_{Io} 和 Y_{IIo} 均与贯通率呈正相关；倾角＞45°时，Y_{Io} 和 Y_{IIo} 均与贯通率呈负相关。当裂隙倾角较小时，贯通率对 Y_{Io} 起主导作用，贯通率对 Y_{Io} 增大的影响远强于偏置系数对 Y_{Io} 减小的影响；当裂隙倾角较大时，偏置系数对 Y_{Io} 起主导作用，贯通率对 Y_{Io} 增大的影响稍弱于偏置系数对 Y_{Io} 减小的影响。

③偏置系数与 Y_{Io} 和 Y_{IIo} 呈线性关系，均随着偏置系数的增大而减小。以裂隙倾角为 0°为例，$\omega=0.1$ 时 Y_{Io} 是 $\omega=0.6$ 时的 2.25 倍；而 $\omega=0.1$ 时 Y_{IIo} 是 $\omega=0.6$ 的 1.04 倍，这说明裂隙长度对 Y_{Io} 的影响远强于对 Y_{IIo} 的影响。在同等条件下，偏置系数加速了 Y_{Io} 的衰减，而对 Y_{IIo} 的影响微弱。这是因为偏置系数的增大导致裂尖所在横截面的弯矩大大减小而剪力不变，由于本书采用拟合计算公式，故计算出的结果有一定差异不难理解。

④不同条件下 Y_{Io} 可能为负值。在 $l/W=0.5$ 的条件下，偏置系数分别为 0.0、0.1、0.3、0.5 和 0.7，裂隙倾角分别大于等于 82°、81°、78°、71°和 51°时 Y_{Io} 为负值。这是因为受裂隙倾角、贯通率和偏置系数等因素的影响，裂隙所在平面由受拉状态转变为受压状态，此时裂隙已经属于受压裂隙，裂隙难以从裂尖拉伸断裂，若外加载荷继续增加，则可能导致裂隙从模型中部断裂。

由图 3.16 可以看出：

①倾角与无量纲因子之比 Y_{Io}/Y_{IIo} 呈非线性关系。Y_{Io}/Y_{IIo} 随裂隙倾角的增大而减小。在偏置系数分别为 0.0、0.1、0.3、0.5 和 0.7 的条件下，裂隙倾角分别大于 40°、39°、37°、33°和 24°时，$|Y_{Io}/Y_{IIo}|\leqslant1$，可认为小倾角裂隙主要以张拉形式扩展（这还要取决于是否满足张拉扩展判据，下同）。

②贯通率与 Y_{Io}/Y_{IIo} 呈非线性关系。当裂隙倾角小于 45°时，Y_{Io}/Y_{IIo} 随贯通率的增大而增大；当裂隙倾角大于等于 45°时，Y_{Io}/Y_{IIo} 随贯通率的增大而减小。当裂隙倾角大于等于 45°时，$|Y_{Io}/Y_{IIo}|\leqslant1$，此时裂隙可能产生剪切扩展（这还要取决于是否满足剪切扩展判据，下同），尤其是裂隙倾角等于 45°时，$|Y_{Io}/Y_{IIo}|\leqslant1$ 与贯通率无关。裂隙倾角分别为 60°和 75°，所对应的贯通率分别小于等于 0.55 和 0.23，裂隙可能产生剪切扩展。

③偏置系数与 Y_{Io}/Y_{IIo} 呈非线性关系。Y_{Io}/Y_{IIo} 随偏置系数的增大而减小，当裂隙倾角较小时减小较快。当裂隙倾角大于等于 45°时，$|Y_{Io}/Y_{IIo}|\leqslant1$ 与偏置系数无关，这说明倾角大于等于 45°的裂隙可能产生剪切扩展。

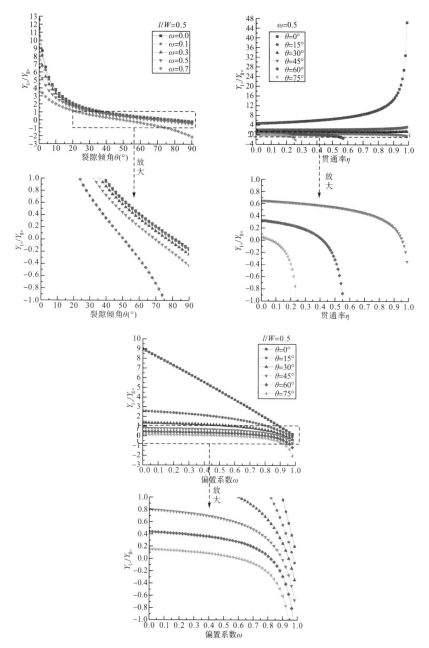

图 3.16　裂隙几何参数对 $Y_{\mathrm{I}o}/Y_{\mathrm{II}o}$ 的影响

综上所述，当裂隙倾角较大和偏置系数较大时才有 $|Y_{\mathrm{I}o}/Y_{\mathrm{II}o}| \leqslant 1$。因此可粗略地认为，当裂隙倾角较小（小于 45°）时，裂隙可能产生张拉扩展；当裂隙倾角较大（大于等于 45°）时，裂隙可能产生剪切扩展。

3.2.2　三点弯曲载荷下岩体表面裂隙的扩展方向

对于斜裂隙，在三点弯曲载荷作用下，裂隙面既有可能因受拉而形成Ⅰ型扩展，又可能因受剪而形成Ⅱ型扩展，这主要由载荷的作用方向和大小决定。Erdogan与薛昌明提出的最大周向拉应力准则能较好地解释Ⅰ—Ⅱ复合型裂纹扩展，但该准则没有考虑材料的泊松效应。樊蔚勋和汪懋华提出了裂隙扩展的最大周向拉应变准则，其力学意义明确，更适于分析脆性材料的断裂问题。

最大拉应变扩展准则认为：①周向拉应变 ε_φ 达到最大值的方向为裂隙扩展方向；②当轴向最大拉应变 $\varepsilon_{\varphi max}$ 达到极限应变 $\varepsilon_{\varphi c}$ 时，裂隙失稳扩展。

由弹性理论可知应变分量和应力分量存在关系式：

$$\begin{cases} \varepsilon_r = \dfrac{1}{E}[\sigma_r - \upsilon(\sigma_\varphi + \sigma_z)] \\[2mm] \varepsilon_\varphi = \dfrac{1}{E}[\sigma_\varphi - \upsilon(\sigma_r + \sigma_z)] \\[2mm] \gamma_{r\varphi} = \dfrac{2(1+\upsilon)}{E}\tau_{r\varphi} \end{cases} \tag{3.63}$$

对于平面应力问题：

$$\begin{cases} \varepsilon_r = \dfrac{1}{E}[\sigma_r - \upsilon\sigma_\varphi] \\[2mm] \varepsilon_\varphi = \dfrac{1}{E}[\sigma_\varphi - \upsilon\sigma_r] \\[2mm] \gamma_{r\varphi} = \dfrac{2(1+\upsilon)}{E}\tau_{r\varphi} \end{cases} \tag{3.64}$$

式中，υ 为泊松比；E 为弹性模量。式（3.64）中只需将 E 换为 $\dfrac{E}{1-\upsilon^2}$，υ 换为 $\dfrac{\upsilon}{1-\upsilon}$，就可得到平面应变问题的应力分量与应变分量的关系式。

将式（3.2）代入式（3.64）即可得裂尖附近一点的应变表达式：

$$\begin{cases} \varepsilon_r = \dfrac{1}{2E\sqrt{2\pi r}}\left\{K_{\mathrm{I}}\cos\dfrac{\varphi}{2}[3-\cos\varphi-\upsilon(1+\cos\varphi)]+K_{\mathrm{II}}\left[\sin\dfrac{\varphi}{2}(3\cos\varphi-1)+3\upsilon\sin\varphi\cos\dfrac{\varphi}{2}\right]\right\} \\[3mm] \varepsilon_\varphi = \dfrac{1}{2E\sqrt{2\pi r}}\left\{K_{\mathrm{I}}\cos\dfrac{\varphi}{2}[1+\cos\varphi-\upsilon(3-\cos\varphi)]-K_{\mathrm{II}}\left[3\sin\varphi\cos\dfrac{\varphi}{2}+\upsilon\sin\dfrac{\varphi}{2}(3\cos\varphi-1)\right]\right\} \\[3mm] \gamma_{r\varphi} = \dfrac{1+\upsilon}{E\sqrt{2\pi r}}\cos\dfrac{\varphi}{2}[K_{\mathrm{I}}\sin\varphi+K_{\mathrm{II}}(3\cos\varphi-1)] \end{cases}$$

$$\tag{3.65}$$

拉应变取最大值应满足 $\dfrac{\partial \varepsilon_\varphi}{\partial \varphi}=0$，$\dfrac{\partial^2 \varepsilon_\varphi}{\partial \varphi^2}<0$，将式（3.65）中的第二式代入 $\dfrac{\partial \varepsilon_\varphi}{\partial \varphi}=0$ 可得：

$$K_{\mathrm{I}}\sin\frac{\varphi}{2}\big[\upsilon-3-3(1+\upsilon)\cos\varphi\big]-K_{\mathrm{II}}\cos\frac{\varphi}{2}\big[9(1+\upsilon)\cos\varphi-7\upsilon-3\big]=0$$

$$(3.66)$$

下面根据 K_{I} 和 K_{II} 是否为 0 分三种情况来讨论。若 $K_{\mathrm{I}}>0$，$K_{\mathrm{II}}=0$，则复合型裂纹转变为 I 型裂纹：

$$K_{\mathrm{I}}\sin\frac{\varphi}{2}\big[\upsilon-3-3(1+\upsilon)\cos\varphi\big]=0 \qquad (3.67)$$

分析可知，仅当 $\sin\dfrac{\varphi}{2}=0$ 时才能满足 $\dfrac{\partial^2 \varepsilon_\varphi}{\partial \varphi^2}<0$。因此，当初裂角 $\varphi_{b1}^s=0°$ 时产生自相似扩展。

若 $K_{\mathrm{I}}=0$，$K_{\mathrm{II}}\neq0$，则复合型裂纹转变为 II 型裂纹：

$$K_{\mathrm{II}}\cos\frac{\varphi}{2}\big[9(1+\upsilon)\cos\varphi-7\upsilon-3\big]=0 \qquad (3.68)$$

分析可知，仅当 $9(1+\upsilon)\cos\varphi-7\upsilon-3=0$ 时才能满足 $\dfrac{\partial^2 \varepsilon_\varphi}{\partial \varphi^2}<0$，所以纯 II 型裂纹的初裂角为：

$$\varphi_{b1}^s=\pm\arccos\frac{3+7\upsilon}{9(1+\upsilon)} \qquad (3.69)$$

若 $K_{\mathrm{I}}>0$，$K_{\mathrm{II}}\neq0$，对式（3.66）进行变换可得：

$$2\upsilon\tan^3\frac{\varphi}{2}+K(6+8\upsilon)\tan^2\frac{\varphi}{2}-(3+\upsilon)\tan\frac{\varphi}{2}-K(3+\upsilon)=0$$

$$(3.70)$$

式中，$K=\dfrac{K_{\mathrm{II}}}{K_{\mathrm{I}}}$。采用盛金公式求解关于 $\tan\dfrac{\varphi}{2}$ 的一元三次方程，令 $a=2\upsilon$，$b=K(8\upsilon+6)$，$c=-\upsilon-3$，$d=-K(\upsilon+3)$，盛金公式中求根公式的参数表示如下：

$$\begin{cases}A=b^2-3ac=K^2(8\upsilon+6)^2+6\upsilon^2+18\upsilon\\B=bc-9ad=10K\upsilon^2+24K\upsilon-18K\\C=c^2-3bd=3K(8\upsilon^2+30\upsilon+18)+\upsilon^2+6\upsilon+9\end{cases} \qquad (3.71)$$

岩石的泊松比取值范围一般为 $0<\upsilon<0.5$。由盛金公式求解一元三次方程的求根判别式 $\Delta=B^2-AC$，分析易得 $\Delta<0$。因此，由盛金公式求得：

$$\varphi_{b1}^{s} = 2\arctan\frac{-b+\sqrt{A}\left(\cos\dfrac{\varphi}{3}\pm\sqrt{3}\sin\dfrac{\varphi}{3}\right)}{3a} \tag{3.72}$$

式中，$\varphi=\arccos T$，$T=\dfrac{2Ab-3aB}{2A\sqrt{A}}$。

初裂角取负值时才能使周向拉应变 ε_{φ} 达到最大值。因此，初裂角的计算式为：

$$\varphi_{b1}^{s} = 2\arctan\frac{-b+\sqrt{A}\left(\cos\dfrac{\varphi}{3}-\sqrt{3}\sin\dfrac{\varphi}{3}\right)}{3a} \tag{3.73}$$

由表 3.5 可以看出，本书计算结果与文献所给出实验结果较接近，说明本方法在预测初裂角方面具有一定参考价值。

表 3.5　不同偏置量条件下的初裂角

偏置量（mm）	初裂角（°）		
	本书（取负值）	文献［69］实验结果	文献［69］数值模拟结果
10	11.86	10.92	12
20	13.14	20.30	16
30	14.81	17.47	34
40	17.11	—	32

以上位上向裂隙为例，得到三点弯曲载荷下裂隙的初裂角见表 3.6 和图 3.17。通过分析可知：

表 3.6　不同泊松比、裂隙倾角和偏置系数条件下的 φ_{b1}^{s}

θ（°）		φ_{b1}^{s}（°）（条件：$l/W=0.5$）					
		$\upsilon=0.0$	$\upsilon=0.1$	$\upsilon=0.2$	$\upsilon=0.3$	$\upsilon=0.4$	$\upsilon=0.5$
$\omega=0.0$	0	9.8	9.8	9.8	9.8	9.8	9.8
	15	34.1	33.7	33.4	33.1	32.8	32.6
	30	48.2	47.2	46.4	45.7	45.0	44.4
	45	57.0	55.5	54.3	53.2	52.2	51.3
	60	63.5	61.6	59.9	58.5	57.3	56.2
	75	69.0	66.7	64.7	63.0	61.5	60.2

θ (°)		φ_{b1}^{s} (°)（条件：$l/W=0.5$）					
		$\upsilon=0.0$	$\upsilon=0.1$	$\upsilon=0.2$	$\upsilon=0.3$	$\upsilon=0.4$	$\upsilon=0.5$
$\omega=0.3$	0	14.8	14.8	14.8	14.8	14.7	14.7
	15	37.8	37.3	36.9	36.5	36.1	35.8
	30	51.0	49.9	48.9	48.1	47.4	46.7
	45	59.5	57.9	56.5	55.3	54.2	53.2
	60	66.1	64.0	62.2	60.7	59.3	58.1
$\omega=0.5$	0	20.9	20.8	20.8	20.7	20.6	20.6
	15	42.4	41.7	41.1	40.6	40.1	39.7
	30	54.8	53.5	52.4	51.4	50.5	49.7
	45	63.5	61.6	60.0	58.5	57.3	56.2

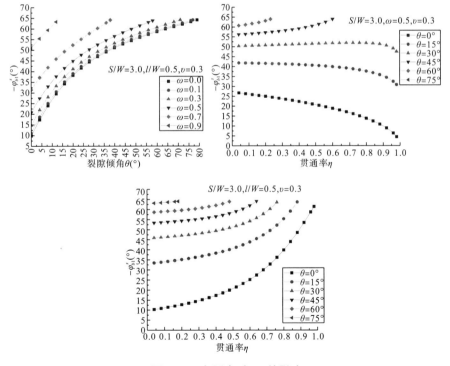

图 3.17 各因素对 φ_{b1}^{s} 的影响

①φ_{b1}^{s} 与裂隙倾角和偏置系数均呈正相关，前者为上凸曲线，后者为上凹曲线。对偏置系数为 0.5 的表面裂隙，当倾角大于等于 30°时，φ_{b1}^{s} 随贯通率的

增大而增大；当倾角小于30°时，φ_{b1}^s 随贯通率的增大而减小。

②裂隙倾角、贯通率和偏置系数对 φ_{b1}^s 的影响规律与泊松比无关。φ_{b1}^s 随泊松比的增大而减小，泊松比对 φ_{b1}^s 的影响随裂隙倾角的减小而减弱；当倾角为 0° 和偏置系数为 0.3 时，泊松比为 0.5 时 φ_{b1}^s 是 0.0 时的 0.99 倍；当倾角为 60° 和偏置系数为 0.3 时，泊松比为 0.5 时 φ_{b1}^s 是 0.0 时的 0.87 倍。一般情况下，可以认为 φ_{b1}^s 在裂隙倾角为 0° 时与未考虑泊松比时几乎无差别。

3.2.3 三点弯曲载荷下岩体表面裂隙的起裂载荷

若已求出初裂角 φ_{b1}^s，将其代入式（3.65）中的第二式可确定裂隙的起裂条件。当 $\varphi=\varphi_{b1}^s$ 时，ε_φ 取得最大值（用 $\varepsilon_{\varphi max}$ 表示），并令 $\varepsilon_{\varphi max}=\varepsilon_{\varphi c}$，即：

$$\varepsilon_{\varphi max}=\frac{1}{2E\sqrt{2\pi r_{bc}^s}}\left\{K_I\cos\frac{\varphi_{b1}^s}{2}\left[1+\cos\varphi_{b1}^s-\upsilon(3-\cos\varphi_{b1}^s)\right]-\right.$$
$$\left.K_{II}\left[3\sin\varphi_{b1}^s\cos\frac{\varphi_{b1}^s}{2}+\upsilon\sin\frac{\varphi_{b1}^s}{2}(3\cos\varphi_{b1}^s-1)\right]\right\}=\varepsilon_{\varphi c}$$

（3.74）

式中，r_{bc}^s 为裂隙扩展区半径，即裂隙在尖端半径为 r_{bc}^s 的范围内发生扩展，与材料的特性有关。

式（3.74）同样适用于纯 I 型裂纹。令 $K_{II}=0$，$\varphi_{b1}^s=0°$，则式（3.74）可写为：

$$\varepsilon_{\varphi c}=\frac{K_{Ic}(1-\upsilon)}{E\sqrt{2\pi r_{bc}^s}}$$

（3.75）

式中，$\varepsilon_{\varphi c}$ 为 ε_φ 的临界值，称为 I 型裂纹扩展的临界拉应变。

设岩石在拉伸断裂的瞬间仍然遵循胡克定律，此时的拉应力 σ_φ 和拉应变 ε_φ 均达到最大值，即有 $[\sigma_\varphi-\mu\sigma_r]_{max}=\varepsilon_{\varphi c}E=\sigma_t$。按最危险状态考虑，则 $[\sigma_\varphi]_{max}=\varepsilon_{\varphi c}E=\sigma_t$，代入式（3.75）得：

$$K_{Ic}=\frac{\sigma_t\sqrt{2\pi r_{bc}^s}}{1-\upsilon}$$

（3.76）

将式（3.75）代入式（3.74）得三点弯曲载荷下裂隙的复合型扩展判据：

$$K_I\cos\frac{\varphi_{b1}^s}{2}\left[1+\cos\varphi_{b1}^s-\upsilon(3-\cos\varphi_{b1}^s)\right]-$$
$$K_{II}\left[3\sin\varphi_{b1}^s\cos\frac{\varphi_{b1}^s}{2}+\upsilon\sin\frac{\varphi_{b1}^s}{2}(3\cos\varphi_{b1}^s-1)\right]=2K_{Ic}(1-\upsilon)$$

（3.77）

将三点弯曲载荷下裂尖的应力强度因子 K_{I} 和 K_{II} 代入式（3.77）得起裂载荷为：

$$P_s = \frac{2K_{\mathrm{I}c}(1-\upsilon)}{\left(Y_{\mathrm{I}}\dfrac{S\cos^{3/2}\theta}{4BW^{3/2}}-Y_{\mathrm{II}}\dfrac{\sin\theta\,\sqrt{\cos\theta}}{B\,\sqrt{W}}\right)F_{\mathrm{I}}(\varphi)-\left(Y_{\mathrm{I}}\dfrac{S\sin\theta\,\sqrt{\cos\theta}}{4BW^{3/2}}+Y_{\mathrm{II}}\dfrac{\cos^{3/2}\theta}{B\,\sqrt{W}}\right)F_{\mathrm{II}}(\varphi)}$$

$$(3.78)$$

其中，

$$\begin{cases} F_{\mathrm{I}}(\varphi)=\cos\dfrac{\varphi_{b1}^{s}}{2}\left[1+\cos\varphi_{b1}^{s}-\upsilon(3-\cos\varphi_{b1}^{s})\right] \\ F_{\mathrm{II}}(\varphi)=3\sin\varphi_{b1}^{s}\cos\dfrac{\varphi_{b1}^{s}}{2}+\upsilon\sin\dfrac{\varphi_{b1}^{s}}{2}(3\cos\varphi_{b1}^{s}-1) \end{cases} \quad (3.79)$$

令 $K_{\mathrm{II}}=0$，$\varphi_{b1}^{s}=0°$，则 $F_{\mathrm{I}}(\varphi)=1-\upsilon$，由式（3.78）可得 $P^s = K_{\mathrm{I}c}\left(Y_{\mathrm{I}}\dfrac{S\cos^{3/2}\theta}{4BW^{3/2}}-Y_{\mathrm{II}}\dfrac{\sin\theta\,\sqrt{\cos\theta}}{B\,\sqrt{W}}\right)^{-1}$。将拉伸断裂韧度 $K_{\mathrm{I}c}=\dfrac{\sigma_t\,\sqrt{2\pi r_{bc}^{s}}}{1-\upsilon}$ 代入式（3.78）即可得到起裂载荷 P^s 与抗拉强度 σ_t 之间的关系式。

同样，集中载荷与 I 型断裂韧度之比 $P^s/K_{\mathrm{I}c}$ 的变化规律见表 3.7 和图 3.18。通过分析可知：

① $P^s/K_{\mathrm{I}c}$ 与裂隙倾角和偏置系数均呈正相关，两者均为上凹曲线。对偏置系数为 0.5 的表面裂隙，当倾角小于 45° 时，$P^s/K_{\mathrm{I}c}$ 随贯通率的增大而减小，其余情况较复杂。

② 裂隙倾角、贯通率和偏置系数对 $P^s/K_{\mathrm{I}c}$ 的影响规律与泊松比无关。$P^s/K_{\mathrm{I}c}$ 随泊松比的增大而减小，且泊松比对 $P^s/K_{\mathrm{I}c}$ 的影响随裂隙倾角的增大而增强。当倾角为 0° 和偏置系数为 0.3 时，$P^s/K_{\mathrm{I}c}$ 在泊松比为 0.5 时是泊松比为 0.0 时的 0.97 倍；当倾角为 60° 和偏置系数为 0.3 时，$P^s/K_{\mathrm{I}c}$ 在泊松比为 0.5 时是泊松比为 0.0 时的 0.53 倍。

表 3.7　不同泊松比、裂隙倾角和偏置系数条件下的 $P^s/K_{\mathrm{I}c}$

θ (°)		$P^s/K_{\mathrm{I}c}$ (m$^{3/2}$)（条件：$l/W=0.5$）					
		$\upsilon=0.0$	$\upsilon=0.1$	$\upsilon=0.2$	$\upsilon=0.3$	$\upsilon=0.4$	$\upsilon=0.5$
$\omega=0.0$	0	0.003729	0.003723	0.003716	0.003706	0.003693	0.003675
	15	0.003990	0.003908	0.003811	0.003692	0.003544	0.003357
	30	0.004783	0.004579	0.004346	0.004078	0.003768	0.003404
	45	0.006619	0.006210	0.005760	0.005266	0.004722	0.004124

续表

θ (°)		P^s/K_{Ic}（$m^{3/2}$）（条件：$l/W=0.5$）					
		$\upsilon=0.0$	$\upsilon=0.1$	$\upsilon=0.2$	$\upsilon=0.3$	$\upsilon=0.4$	$\upsilon=0.5$
$\omega=0.0$	60	0.010578	0.009741	0.008852	0.007914	0.006927	0.005892
	75	0.020676	0.018685	0.016640	0.014561	0.012463	0.010359
$\omega=0.3$	0	0.005249	0.005229	0.005205	0.005174	0.005133	0.005077
	15	0.005756	0.005610	0.005437	0.005229	0.004975	0.004658
	30	0.007227	0.006879	0.006485	0.006038	0.005529	0.004943
	45	0.010620	0.009896	0.009110	0.008259	0.007339	0.006345
	60	0.018192	0.016610	0.014955	0.013237	0.011465	0.009646
$\omega=0.5$	0	0.007147	0.007093	0.007027	0.006944	0.006836	0.006690
	15	0.008119	0.007856	0.007550	0.007189	0.006757	0.006232
	30	0.010913	0.010295	0.009608	0.008845	0.007994	0.007042
	45	0.017695	0.016294	0.014806	0.013235	0.011583	0.009852

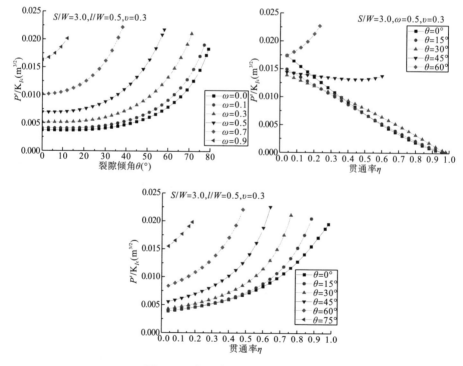

图 3.18　各因素对 P^s/K_{Ic} 的影响

3.2.4　三点弯曲载荷下岩体表面裂隙的扩展区半径

三点弯曲载荷条件下，岩体内任一截面上的正应力和剪应力并非均匀分布在该截面，这必然对其应力强度因子的计算造成困难。按前文所述，将截面上的正应力和剪应力均匀分布于截面而形成名义正应力和名义剪应力。考虑到本书应用最大周向拉应力（应变）准则作为三点弯曲载荷下裂隙扩展条件，因此，本节对名义正应力进行说明。

由材料力学可知，弯曲梁横截面上的正应力为 $\sigma = \dfrac{My}{I_z}$，则横截面上最大正应力为 $\sigma_{\max} = \dfrac{6M}{BW^2}$（这里的符号含义同前）。考虑到表面裂隙位于梁外侧表面，此处可能为梁最大拉应力所在位置，即梁最容易断裂的位置。因此，将 $\sigma = \sigma_{\max} = \dfrac{6M}{BW^2}$ 定义为横截面上的名义正应力；将 $\tau = \dfrac{P}{BW}$ 定义为横截面上的名义剪应力。由此可得斜截面上的拉应力为：

$$\sigma' = \frac{6M}{BW^2}\cos^2\theta - \frac{P}{BW}\sin\theta\cos\theta \tag{3.80}$$

按最大拉应力准则，作用于裂隙扩展方向上的拉应力（即抗拉强度）为：

$$\sigma_t = \sigma_\varphi = k_\varphi\sigma' = k_\varphi\left(\frac{6M}{BW^2}\cos^2\theta - \frac{P}{BW}\sin\theta\cos\theta\right) \tag{3.81}$$

在三点弯曲载荷作用下侧压系数等于零，则 $\lambda_c = \tan^2\theta$。由此可得应力集中系数为：

$$k_\varphi = 1 + \tan^2\theta - \frac{\left[(m-1)(1+\tan^2\theta)+(m+1)(1-\tan^2\theta)\right](m\sin^2\varphi-\cos^2\varphi)}{m^2\sin^2\varphi+\cos^2\varphi} \tag{3.82}$$

本书在计算应力强度因子时已将作用在横截面上的弯矩转换为最大弯矩，因此，这里有 $M = M_{\max} = \dfrac{PS}{4}$。所以，式（3.81）可写为：

$$\sigma_t = k_\varphi\frac{P}{BW}\left(\frac{3S}{2W}\cos^2\theta - \sin\theta\cos\theta\right) \tag{3.83}$$

将式（3.83）代入 $K_{Ic} = \dfrac{\sigma_t\sqrt{2\pi r_{bc}^s}}{(1-\upsilon)}$，再将式（3.78）代入，即得裂纹扩展区半径为：

$$r_{bc}^{s} = \frac{\left[\left(Y_{\mathrm{I}}\frac{S\cos\theta}{4W} - Y_{\mathrm{II}}\sin\theta\right)F_{\mathrm{I}}(\varphi) - \left(Y_{\mathrm{I}}\frac{S\sin\theta}{4W} + Y_{\mathrm{II}}\cos\theta\right)F_{\mathrm{II}}(\varphi)\right]^{2}W}{8\pi k_{\varphi}^{2}\left(\frac{3S}{2W}\cos\theta - \sin\theta\right)^{2}\cos\theta}$$

$$(3.84)$$

当裂隙倾角为 0°时，无偏置裂隙岩体的裂纹扩展区半径为：

$$r_{bc}^{s} = \frac{Y_{1}^{2}(1-\upsilon)^{2}W}{72\pi(1+2m)^{2}}$$

$$(3.85)$$

3.3　岩体表面裂隙的扩展路径

3.3.1　岩体表面裂隙扩展路径的等效模型

　　裂隙几何特征和外载形式等因素影响裂纹扩展方向，也决定了裂纹扩展路径的曲线性特征。曲线可以用多段直线来近似表征，而每一段直线可以看成裂纹沿某一方向的扩展长度。当裂纹每扩展一个微小的直线长度时，由于原裂隙的倾角和长度均发生了改变，裂尖的应力强度因子也发生了改变，这将引起裂纹沿新方向继续扩展一个直线长度，如此循环，直至裂纹贯通或停止扩展。而对于裂纹这一扩展过程的几何表征，等效模型成为一种行之有效的表征方法。

　　按上述分析，建立如图 3.19 所示的裂纹扩展等效模型。图中原直线裂隙 oA 沿其尖端 A 扩展至 B 形成一弯折裂隙 AB［其长度用 dl_{i}（$i=0$，1，2，…，n）来表示］，微小直线段 AB 的长度和方向即为裂纹的初次扩展长度和方向。显然，弯折裂隙 oAB 是由原裂隙 oA 和新裂纹 AB 组成的。弯折裂隙 oAB 的长度等效为 oB［其长度用 l_{i}（$i=0$，1，2，…，n）表示，l_{0} 表示原直线裂隙 oA 的长度］，用直线 oB 的倾角近似表示弯折裂隙 oAB 的倾角［裂隙倾角用 θ_{i}（$i=0$，1，2，…，n）表示，θ_{i} 指直线与 x 轴的夹角］。若满足扩展条件，裂纹再扩展一个微小直线段 BC，弯折裂隙 oBC 的长度等效为 oC，用直线 oC 的倾角近似表示弯折裂隙 oBC 的倾角，如此循环，直至裂纹贯通或停止扩展。图中，φ_{i}（$i=0$，1，2，…，n）表示裂纹的初裂角（这里指每一级扩展所形成的等效裂隙的初裂角）；δ_{i}（$i=1$，2，…，n）表示由裂纹扩展而引起的裂纹倾角改变量。

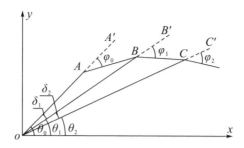

图 3.19　裂纹扩展的等效模型

在△oAB 中，由三角关系易得：

$$\begin{cases} \overline{oB} = \sqrt{\overline{AB}^2 + \overline{oA}^2 - 2\,\overline{AB}\cdot\overline{oA}\cos(\pi - |\varphi_0|)} \\ \angle AoB = \arccos\dfrac{\overline{oA}^2 + \overline{oB}^2 - \overline{AB}^2}{2\,\overline{oA}\cdot\overline{oB}} \end{cases} \tag{3.86}$$

当初裂角 φ_i 为负值时（图 3.19 所示即为负值），有 $\theta_i = \theta_{i+1} - \delta_{i+1}$；反之，则有 $\theta_i = \theta_{i+1} + \delta_{i+1}$。由此可得，等效模型的裂隙长度和倾角分别为：

$$\begin{cases} l_{i+1} = \sqrt{l_i^2 + dl_i^2 - 2l_i\cdot dl_i\cos(\pi - |\varphi_i|)} \\ \theta_{i+1} = \theta_i \mp \delta_{i+1} = \theta_i \mp \arccos\dfrac{l_i^2 + l_{i+1}^2 - dl_i^2}{2l_i\cdot l_{i+1}} \end{cases} \tag{3.87}$$

由前文已知，与图 3.19 所示方向相同，式（3.87）中取"－"，否则取"＋"。裂纹初始扩展后，表面裂隙的几何特征和裂尖位置均已发生改变，其应力强度因子也改变。为了判定表面裂隙是否扩展及预测扩展路径，需确定不同载荷形式下裂纹每扩展一个微段后其尖端应力强度因子的计算式。

3.3.2　岩体表面裂隙等效模型的应力强度因子

（1）压缩载荷下岩体表面裂隙每扩展一个微段后裂尖应力强度因子。

裂隙尖端 A 的应力强度因子由式（3.3）和式（3.10）写为：

$$\begin{cases} K_{\mathrm{I}A} = F_{\mathrm{I}A}^c\sigma_1\sqrt{\pi l_A} \\ K_{\mathrm{II}A} = F_{\mathrm{II}A}^c\sigma_1\sqrt{\pi l_A} \end{cases} \tag{3.88}$$

当裂纹扩展一个微段至 B 时，按式（3.87）可得等效裂隙的长度和倾角，代入式（3.88）即可近似得到裂纹尖端 B 的应力强度因子。满足条件 $K_{\mathrm{II}B} > K_{\mathrm{II}c}$（$K_{\mathrm{II}c}$ 是剪切断裂韧度）时，裂纹继续扩展；否则，停止扩展。以此类推，直至裂纹停止扩展或贯通为止。若计算至第 i 步时裂纹扩展贯通，则此时所对应的 θ_i 即为第 4 章所定义的断裂角，其他载荷条件下与此类似，不再赘述。

（2）三点弯曲载荷下岩体表面裂隙每扩展一个微段后裂尖应力强度因子。

裂隙尖端 A 的应力强度因子由式（3.61）写为：

$$\begin{cases} K_{Io}^A = Y_{Io}^A \dfrac{M_{max}}{BW^{3/2}} \\ K_{IIo}^A = Y_{IIo}^A \dfrac{P}{B\sqrt{W}} \end{cases} \quad (3.89)$$

当裂隙位于中部时，Y_{Io}^A 和 Y_{IIo}^A 见式（3.53）；当裂隙不位于中部时，Y_{Io}^A 和 Y_{IIo}^A 见式（3.62）。当裂纹扩展一个微段至 B 时，按照式（3.81）可得等效裂隙的长度和倾角，代入式（3.89）即可近似得到裂纹尖端 B 的应力强度因子。当满足条件 $K_{IB} > K_{Ic}$ 时，裂纹继续扩展；否则，停止扩展。以此类推，直至裂纹停止扩展或贯通为止。

3.3.3 岩体表面裂隙扩展路径的计算流程

从初始裂尖位置开始，将表面裂隙每扩展一段长度及角度绘出，即可得到裂隙扩展的路径。其计算流程如图 3.20 所示。

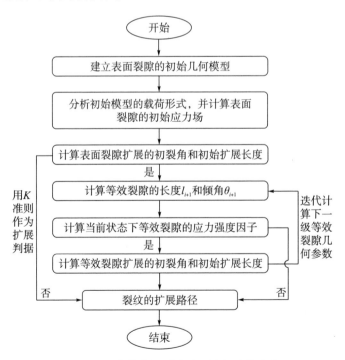

图 3.20 岩体表面裂隙扩展路径计算流程

第4章　岩体表面裂隙扩展演化的试验分析

载荷作用形式对岩体裂隙的扩展机制及破裂特征影响显著，表面裂隙的几何特征和位置同样会影响岩体的断裂机制与破裂形态，而岩体的破裂形态与裂纹扩展过程（包括裂纹扩展路径、裂纹数量、裂纹间的互相影响等）密切相关。本章采用相似模拟方法制作表面裂隙岩体，分别对其进行单向压缩加载和三点弯曲加载试验，分析岩体表面裂隙的扩展过程及岩体断裂特征，揭示表面裂隙岩体的破坏模式、片裂的形成机制和强度变化规律，并与第3章的裂纹扩展路径的理论预测进行对比分析，佐证理论的可靠性，为研究表面裂隙岩层的断裂机理提供理论支撑。

4.1　表面裂隙岩体的制作与试验方法

4.1.1　表面裂隙岩体的设计与制作

（1）材料的选取及配比。

考虑到水泥砂浆试块与岩石的力学性质较接近，均具有脆性及剪胀性，破裂后也有一定的摩擦特性，所以用水泥砂浆制作裂隙岩体能更好地体现岩体的力学特性。研究表明，表面裂隙对坚硬岩体的强度和稳定性影响显著，而坚硬岩体又是地下岩体工程中的主要承载体，故本书以煤矿常见的砂岩为模拟和研究对象。

①材料：河沙粒径为 0.15～0.30mm；水泥用 M42.5 级硅酸盐水泥；水用普通自来水，pH 值为 6.5～6.8。

②配比：采用西安科技大学教育部西部矿井开采及灾害防治重点实验室的砂岩配比用于本书试块制作，为水泥∶河沙∶水＝1∶0.8∶0.4（质量比）。

（2）表面裂隙岩体的制作器具。

①考虑载荷作用形式和监测表面裂隙扩展的要求，岩体制作选用 ABS 加厚型模具，长×高×厚为 300mm×100mm×100mm，如图 4.1 所示。岩体平整采用钢制的抹泥刀，长×宽为 200mm×100mm。

图 4.1 岩体成型模具

②采用宽 100mm、厚 0.5mm 的油灰刀切割岩体成隙；裂隙倾角标定采用不锈钢角度尺；裂隙防黏定型采用聚酯塑料薄膜；岩体脱模工具采用脱模枪和打气筒。

（3）表面裂隙的位置与选取。

如图 4.2 所示，以岩体长边中心为分界线，将表面裂隙的位置分为上位、中位和下位三种类型，分别为图中 1、2 和 3 位置。上位裂隙距岩体顶面 75mm，中位裂隙距上位裂隙 75mm，下位裂隙距中位裂隙 75mm。

图 4.2 裂隙位置设计

（4）表面裂隙的几何参数及其模型的命名。

根据本书对岩体表面裂隙的定义，表面裂隙几何参数的选取和代号说明见表 4.1。

表 4.1 裂隙几何参数及其代号

裂隙倾角	0°	15°	30°	45°	60°	75°
对应编号	1	2	3	4	5	6
贯通率	0.1	0.3	0.5	—	—	—
对应编号	1	2	3	—	—	—

DS112——上位上向单裂隙，贯通率为 0.1，倾角为 15°，其余类推。

DX112——上位下向单裂隙，贯通率为 0.1，倾角为 15°，其余类推。

DS212——中位上向单裂隙，贯通率为 0.1，倾角为 15°，其余类推。

（5）表面裂隙岩体的制作流程。

①在模具内涂抹油润滑以便脱模，将混凝土和细沙按比例混合搅拌均匀，再加入一定量水（按混凝土和细沙的比例量取）混合搅拌均匀后填装入模具内；②将填装的模具放置在振动平台上进行振动，直至没有气泡逸出，在振动过程中，应随时增减材料以保证模具填满装实；③刮去浆材上的气泡后，将模具移至平整的地方进行水平静置至料浆为半硬状态；④在油灰刀上涂抹润滑油，将油灰刀按既定的角度插入料浆内，到达既定深度后取出油灰刀，再在聚酯塑料布上涂抹润滑油，由油灰刀将塑料布送入裂隙中，以免裂隙闭合和黏合；⑤养护试块至 28 天左右进行脱模。

4.1.2　试验设备与加载方法

采用微机控制电液伺服压力试验机（HCT605A）对岩体进行单轴压缩加载与三点弯曲加载试验，记录岩体的最大载荷、位移和加载时长；用高速 CMOS 相机（VEO710L）监测和获取裂纹扩展过程。工作中的试验设备及摄影系统如图 4.3 所示。

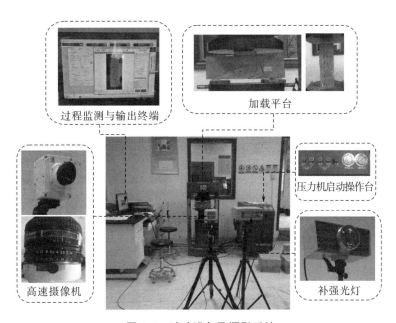

图 4.3　试验设备及摄影系统

本节分别采用单轴压缩和三点弯曲对表面裂隙岩体进行加载试验，研究裂纹扩展和岩体强度变化规律。为了能更好地采集裂纹的扩展过程，岩体加载均采用位移控制。单轴压缩加载时，设置加载速度为 0.5mm/min；三点弯曲加载时，设置加载速度为 0.05mm/min。

4.2 压缩载荷下岩体表面裂隙的扩展过程与断裂特征

4.2.1 压缩载荷下岩体表面裂隙扩展角的表征与测定方法

如图 4.4 所示，oo' 为裂隙倾角和断裂角的起始测线；oab 为初裂角和扩展角的起始测线；ab 为预制裂隙平面的延伸方向；ab' 为裂纹的初始扩展方向；ab'' 为裂纹的贯通扩展方向。以下定义和说明均以预制裂隙位于左侧为正面。若以岩体的背面进行角度测量（即预制裂隙位于岩体的右侧），则角度的正负规定与正面相反，如图 4.4（b）所示。

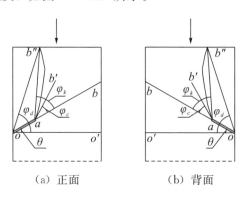

(a) 正面　　　　　　(b) 背面

图 4.4　压缩载荷下岩体表面裂隙扩展角

初裂角：裂纹初始扩展方向与裂隙面之间的夹角，即 ab' 与 ab 之间的夹角，用 φ_c 表示。规定：以 a 为顶点，ab 为起始线，逆时针所测得的角度为正值，反之为负值。

扩展角：裂隙尖端起裂位置和裂纹扩展贯通位置的连线与裂隙面之间的夹角，即 ab'' 与 ab 之间的夹角，用 φ_k 表示。考虑到裂纹扩展过程是弯弯曲曲的，这里的扩展角指平均扩展角。规定：以 a 为顶点，ab 为起始线，逆时针所测得的角度为正值，反之为负值。

断裂角：原裂隙末端位置和裂纹扩展贯通位置的连线与水平面之间的夹角，即 ob'' 与 oo' 之间的夹角，用 φ_d 表示。规定：以 o 为顶点，oo' 为起始线，逆时针所测得的角度为正值，反之为负值。

本书第 3 章已经给出了初裂角和断裂角的理论计算方法，下面来分析如何计算扩展角 φ_k。若能计算得到 $\triangle oab''$ 中的 $\angle oab''$（图 4.4），那么扩展角为 $\varphi_k = \pi - \angle oab''$。当裂纹扩展贯通时，$ob''$（即等效裂隙长）和 φ_d（断裂角）可由式（3.87）计算获得。为了便于表示，令 $\varphi_1 = \angle aob''$，$\varphi_2 = \angle oab''$。如图 4.4 所示，由三角关系易知 $\varphi_1 = |\theta - \varphi_d|$，这里考虑了裂纹扩展路径。由此可得：

$$\begin{cases} \overline{ab''} = \sqrt{\overline{oa}^2 + \overline{ob''}^2 - 2\,\overline{oa} \cdot \overline{ob''} \cos\varphi_1} \\ \varphi_2 = \arccos \dfrac{\overline{oa}^2 + \overline{ab''}^2 - \overline{ob''}^2}{2\,\overline{oa} \cdot \overline{ab''}} \end{cases} \tag{4.1}$$

根据三角关系，由式（4.1）可得扩展角为：

$$\varphi_k = \pi - \varphi_2 \tag{4.2}$$

由上述分析可知，表面裂隙扩展角与裂隙倾角和断裂角密切相关，其理论计算过程相对复杂。因此，本书采用直接测量的方法来获取扩展角。

4.2.2　压缩载荷下岩体表面裂隙的扩展路径

（1）岩体表面裂隙的初裂角和断裂角。

由表 4.2 可以看出，理论计算所得初裂角和断裂角与试验值有一定偏差，但初裂角随裂隙倾角的变化规律是吻合的，相比而言，断裂角与试验值相差较初裂角大。分析可能产生相差的原因是：①理论计算并未考虑 T 应力的影响。②试验测量中难以精准定位裂纹的初始扩展长度与扩展路径，造成对初始扩展方向判定的偏差。③从实验发现，裂纹扩展至岩体边界时的扩展方向有较大转变，这可能是因为靠近边界位置时，受加载装置和岩体之间摩擦力的影响，引起应力场改变。若不考虑边界影响，断裂角的理论值和试验值的相差将大大缩小。④理论计算所绘制的裂纹扩展路径与试验结果有一定偏差，但在裂纹初始扩展阶段，理论预测与试验结果的一致性较好。当裂纹初始扩展时，由于裂纹扩展长度相比原裂隙长度要小得多，等效模型法能用于预测裂纹扩展路径。当裂纹扩展到一定长度后，裂纹扩展长度与原裂隙长度相差较小，会引起等效模型法计算中所采用的裂隙长度和倾角与实际相差较大，从而造成扩展角差异较大，导致扩展路径偏差较大。

表 4.2　单轴压缩载荷下上位上向裂隙岩体的初裂角

贯通率		裂隙倾角					
		0°	15°	30°	45°	60°	75°
0.3	试验初裂角	73	66	46	30	16	6
	理论初裂角	70.5	65.5	44.7	27.8	15.1	5.6
	相差（%）	3.42	0.76	2.83	7.33	5.63	6.67
	试验断裂角	82	85	85	82	87	85
	理论断裂角	67.8	68.2	68.3	69.4	71.1	79.6
	相差（%）	17.32	19.76	19.65	15.37	18.28	6.35

（2）岩体表面裂隙扩展的初始路径。

由图 4.5 发现：①沿表面裂隙尖端产生的裂纹的初始路径有外伸弧和内收弧两种类型。外伸弧裂纹的特征是首先沿着原裂隙倾斜方向扩展一微小长度后，再继续朝着加载方向扩展，这种裂纹朝向（出现在）压缩区，故为剪裂纹。内收弧裂纹的特征是首先沿着与原裂隙倾斜方向近乎垂直（或以大夹角）的方向扩展一微小长度后，再继续朝着加载方向扩展，这种裂纹出现在拉伸区，故为张裂纹。②单轴压缩载荷下，表面裂隙均产生沿裂尖扩展的裂纹，且裂纹扩展的初始路径呈现外伸弧特征。除 45°倾角外，其余裂隙倾角情况下均沿外伸弧路径扩展贯通。45°倾角裂隙在原裂隙尖端不仅出现了外伸弧扩展路径的剪裂纹，而且出现了内收弧扩展路径的张裂纹，这与蒲成志的研究结果一致。不同的是，表面裂隙是张裂纹扩展断裂，而文献中的试验结果是以剪裂纹扩展断裂。此外，随着裂隙倾角增大，外伸弧的弧度减小，即外伸弧越接近直线，说明初裂角随裂隙倾角的增大而减小，进一步证明了本书理论预测的初裂角变化规律。

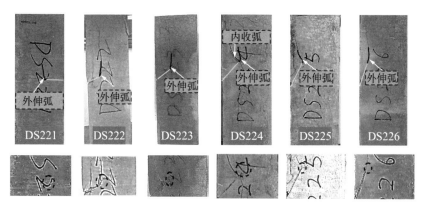

图 4.5　**岩体表面裂隙扩展的初始路径**

（3）岩体表面裂隙的扩展路径及其理论预测。

由表 4.3 可以看出：①理论预测沿裂尖扩展的裂纹与试验结果大致吻合。②对于上向扩展，断裂角为 82°~87°，平均为 84.5，可认为断裂角基本不受裂隙倾角的影响。③对于下向扩展，仅有 0°和 45°倾角产生下向扩展，初裂角分别为 62°和 90°，断裂角分别为 59°和 85°，断裂角随裂隙倾角增大有减小的趋势。

表 4.3　**中位上向裂隙扩展及岩体断裂形态**

裂纹扩展与岩体裂断形态			裂纹扩展路径	说明
起裂（萌生）	扩展（贯通）	角度测量（°）		
DS221	DS221			裂尖和裂隙中部有明显的表面剥落产生。初裂角为 62°~84°，平均为 73°；扩展角为 69°~99°，平均为 84°；断裂角为 59°~82°，平均为 70.5°

裂纹扩展与岩体裂断形态			裂纹扩展路径	说明
起裂（萌生）	扩展（贯通）	角度测量（°）		
				裂片仅在裂隙中部产生，说明裂隙在此处受压闭合，在裂隙面的上方和下方均产生张裂纹。初裂角为66°，扩展角为73°，断裂角为85°
				裂片仅在裂隙中部产生。说明裂隙在此处受压闭合，仅在裂隙面的上方产生张拉裂纹。初裂角为46°，扩展角为65°，断裂角为85°
				裂片仅在裂隙尖端产生，且尖端出现两条裂纹。初裂角为30°，扩展角为51°，断裂角为82°

裂纹扩展与岩体裂断形态			裂纹扩展路径	说明
起裂（萌生）	扩展（贯通）	角度测量（°）		
DS225	DS225	40° 16° 87°	71.1° 87°	裂片仅在裂隙尖端产生。初裂角为16°，扩展角为40°，断裂角为87°
DS226	DS226	22° 6° 85°	79.6° 85°	不产生裂片。初裂角为6°，扩展角为22°，断裂角为85°

　　说明：①黄色粗线代表预制裂隙，黄色细线代表预制裂隙的直线延伸方向，红色线代表裂纹（包括新萌生的裂纹）扩展路径，蓝色线代表水平线，绿色圈代表片裂位置，绿色实线代表理论计算绘制而成的扩展路径。（扫描二维码查看）②本表仅测量以裂隙尖端为起始扩展的初裂角、扩展角和断裂角。

4.2.3　压缩载荷下岩体表面裂隙的扩展模式及断裂特征

4.2.3.1　压缩载荷下表面裂隙岩体破裂全过程分析

　　采用微机控制电液伺服压力试验机（HCT605A）对表面裂隙岩体进行单轴压缩加载试验，从压力机接触岩体直至岩体破裂为止，通过高速 CMOS 相机（VEO710L）记录表面裂隙岩体破裂的全过程，并用 Premiere2017 软件对记录视频进行分帧处理（最大帧数为 60），得到表面裂隙扩展全过程和岩体断裂全貌，如图 4.6 所示。

扩展（1）　　扩展（2）　　扩展（3）　　　　断裂（破坏）

图 4.6　单轴压缩载荷下裂纹扩展全过程

①DS221：在表面裂隙的尖端首先出现下向裂纹 1，随着裂纹 1 的扩展而出现裂纹 2，然后由底部产生裂纹 3，于裂隙面上产生上向裂纹 4，在岩体的大致中央处产生裂纹 5。在扩展过程中，裂纹 1 和 2 连通，裂纹 3 和 4 连通，岩体最终断裂成"川"字形态，这说明岩体破裂时横向变形剧烈（见第 4 幅图）。由于裂纹 1 和 5 相距较近而交汇，形成"斧状"裂块。裂纹扩展和连通

方向与加载方向大致相同，并将岩体分裂为 5 大块，其中远离裂隙一侧为一整块，其他岩体以裂隙面为对称面基本呈对称分布。另外，在表面裂隙尖端可能产生表面剥落，这是由压应力集中引起的裂纹扩展现象（由压应力集中所产生的裂纹称为剥离裂纹，而剥落的小薄片状碎片称为裂片），表面剥落也可能发生在裂隙中部，本书将发生于裂隙尖端及裂隙周围的表面剥落现象统称为片裂。在岩体受压破坏过程中，裂片可能具有明显的崩射动力现象，而裂片崩射的强弱程度是由岩体受压破坏过程中所释放的弹性能大小决定的。岩体在受压破坏过程中所释放出的弹性能越大，裂片越可能产生强崩射现象；反之，则可能产生弱崩射或不崩射现象。

②DS222：沿表面裂隙尖端首先出现上向裂纹 1，随后于裂隙面上形成上向裂纹 2。当裂纹 2 扩展到一定距离后，逐渐向内扩展并与裂纹 1 交汇，岩体因裂纹 1 的贯通而断裂。与裂纹 1 贯通的同时，在其大致中央处产生上向裂纹 3，但裂纹 3 并未贯通，也没有与裂纹 1 连通，这是由于岩体一侧断裂卸压，岩体上部断面减小而使其受偏心载荷的作用而产生张拉裂纹。裂纹扩展将岩体分裂成一大一小两块，且小块是由预制裂隙和扩展裂纹刨切而成，小块又被裂纹 2 切分成两块。岩体最终断裂成两小块和一大块。同样，在表面裂隙尖端可能产生裂片，但不发生崩射现象。

③DS223：沿表面裂隙尖端首先出现上向裂纹 1，随后于裂隙面上产生上向裂纹 2。裂纹 1 向上扩展至岩体顶部边界，裂纹 2 向上扩展至岩体侧向边界。预制裂隙和沿裂尖扩展的裂纹将岩体分成一大一小两块，但小块又被裂纹 2 切分成两块。岩体最终断裂成两小块和一大块。在表面裂隙尖端也出现了裂片，但未发生崩射现象。

④DS224：沿表面裂隙尖端首先出现上向裂纹 1，然后产生裂纹 2，随后又产生裂纹 3，裂纹 1 与裂纹 3 几乎同时贯通于岩体的顶和底，在其贯通之后出现了裂纹 4。裂纹 4 扩展一定距离后与裂纹 3 交汇，这形成了由裂纹 3 和裂纹 4 刨切成的"内连通圈"。在加载过程中，裂纹 2 经历了产生（张开）和闭合两种状态，且其并未完全贯通，也不影响岩体破裂。岩体最终断裂成四大块，且均与裂尖位置有关。在表面裂隙尖端同样出现了裂片，但不发生崩射。

⑤DS225：沿表面裂隙尖端几乎同时出现上向裂纹 1 和 2，裂纹 2 扩展一微小长度后与裂纹 1 交汇，裂纹 1 扩展至顶部致岩体断裂。岩体断裂为一大一小两块，且小块由预制裂隙和扩展裂纹刨切而成。表面裂隙尖端不出现裂片。

⑥DS226：沿表面裂隙尖端首先出现上向裂纹 1，随后产生裂纹 2，且两条裂纹均沿裂尖开始扩展。裂纹 1 扩展至顶部致岩体断裂，裂纹 2 并未扩展至

岩体边界。岩体断裂为一大一小两块，且小块由预制裂隙和扩展裂纹刨切而成。表面裂隙尖端不出现裂片。

综上可得：①裂纹是以弯弯曲曲的曲线（曲面）形态向前扩展的，且与预制裂隙的倾角和长度等因素无关。②0°和45°倾角时，会沿裂尖产生方向相反的两条裂纹，其余角度情况下均为单向扩展的裂纹，且沿裂尖产生的裂纹最终会扩展贯通全岩体。③除45°倾角外，岩体断裂时的块体数量随裂隙倾角的增大而减小，最少为2个断裂块体，最多为5个断裂块体。④当倾角<45°时，预制裂隙面上会产生次生张拉裂纹；当倾角≥45°时，裂纹均沿预制裂尖产生并扩展。⑤裂纹在扩展过程中可能形成"内连通"现象，也会产生闭合和不断裂现象。⑥当倾角≤45°时，表面裂隙尖端可能会出现裂片；当倾角>60°时，则不出现裂片。裂片的崩射动力现象仅出现在裂隙倾角为0°时的表面裂隙尖端。岩体的横向变形剧烈时，裂片的崩射动力现象越明显，而横向变形剧烈的程度与岩体破裂时释放的能量密切相关，当岩体破裂时释放的能量越多，裂片越容易产生崩射现象，反之则不易产生崩射现象。⑦在加载过程中，由于裂纹扩展的影响，裂尖应力场形态的变化会引起剪裂纹向张裂纹转变，也可能产生剪裂纹扩展至一定长度后和已生成的张裂纹连通，甚至可能在局部形成封闭的"连通圈"。⑧随着裂隙倾角增大，沿表面裂隙尖端产生的裂纹的扩展路径和岩体断裂模式趋于简单化（或单一化）。沿裂隙尖端扩展过程包括裂隙边缘破坏、裂纹平稳增加和裂纹不稳定扩展三个阶段。

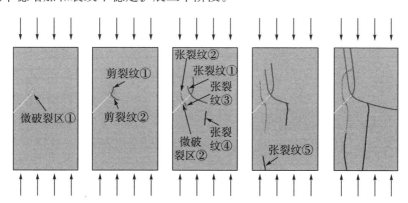

图 4.7　单轴压缩载荷下岩体表面裂隙扩展演化与岩体断裂过程

图 4.7 展示了单轴压缩载荷下表面裂隙扩展演化与岩体断裂过程。在加载过程中，表面裂隙岩体产生了张裂纹、剪裂纹和剥离裂纹。这三种裂纹并不是同时出现和产生的，对某一表面裂隙岩体而言，在其破裂过程中并不是每种裂纹都会出现，图中所描绘的裂纹条数、裂纹扩展方向和裂纹贯通（连通）方式

也会因表面裂隙的几何特征不同而有差异。

4.2.3.2 压缩载荷下岩体表面裂隙的扩展机制及裂片的形成机制分析

Lajtai 和 Wong 等将单轴压缩载荷下裂隙岩体的破裂裂纹分为张裂纹、正剪裂纹和斜剪裂纹三种类型。如图 4.8 所示，产生裂纹的原因是在裂隙尖端会形成一定区域的微破裂区，而裂纹就在这一区域内开始出现。蒲成志和李部都通过试验研究了裂隙倾角为 15°、30°、45°、60°和 75°的类岩石材料断裂扩展形式，证实了上述三种裂纹的存在，前者通过试验还发现在裂隙尖端一定区域内均有微裂纹发育。于骁中采用显微镜观察了卸载后切口附近岩石的微观形态，发现在裂隙尖端附近岩石存在一定的微破裂区，从本质上建立了压剪断裂的宏观现象与微观机理之间的联系。

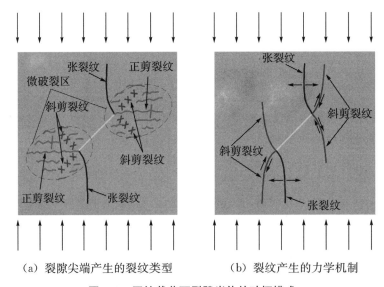

(a) 裂隙尖端产生的裂纹类型　　　　　(b) 裂纹产生的力学机制

图 4.8　压缩载荷下裂隙岩体的破坏模式

图 4.9 展示了单轴压缩载荷下岩体表面裂隙尖端的微破裂区。我们还发现：①微破裂区的范围随裂隙倾角的增大有减小的趋势，当倾角为 75°时，微破裂区的范围很难用肉眼观察到。②剪裂纹均是从该区域起始扩展。0°倾角裂隙岩体从微破裂区产生两条反向的剪裂纹；45°倾角裂隙岩体从微破裂区产生三条裂纹，包括两条剪裂纹和一条张裂纹；60°倾角裂隙岩体从微破裂区产生两条裂纹，包括一条剪裂纹和一条张裂纹，且张裂纹以微小扇形路径扩展并与剪裂纹连通；其余情况下均产生一条剪裂纹。③微破裂区向凸起的方向与剪裂

纹的扩展方向具有良好的一致性。

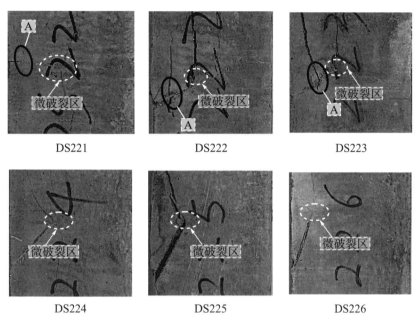

DS221　　　　　　DS222　　　　　　DS223

DS224　　　　　　DS225　　　　　　DS226

图 4.9　单轴压缩载荷下岩体表面裂隙端部的微破裂区

　　蒲成志等根据单轴压缩载荷下预制裂隙岩体的破坏特征将其分为裂隙尖端屈服破坏、裂隙中部受拉破坏和尖端屈服–中部拉伸混合破坏三种模式，本书的试样结果均出现了这三种破坏模式，此外还发现：①随着裂隙倾角的增大，裂隙中部所产生的张裂纹逐渐由中部向裂隙尖端靠近直至裂尖位置。从宏观角度分析，当裂隙倾角为 75°时，张裂纹和剪裂纹均出现在裂隙尖端位置。②裂隙倾角为 45°时，沿裂隙尖端扩展的剪裂纹经历了"出现→消失"过程，且该岩体以沿裂隙尖端产生张裂纹扩展而致最终破坏；另外，张裂纹和剪裂纹同在裂隙尖端的微破裂区（图 4.9 中的 DS224）。

　　试验发现，岩体表面裂隙中部也产生了张裂纹和裂片，即图 4.9 中DS221、DS222 和 DS223 的 A 位置。由图可知，在裂片大致中央位置存在一条贯通的裂纹，且该裂纹与裂隙中部所产生的张裂纹的方向一致，显然，该裂纹是在裂片形成之前就已经扩展贯通（否则该裂片应该是完整的），而裂片是在原裂隙面受压过程中所产生的压裂破坏。由此可以推测出该裂片的产生过程如图 4.10 所示，加载后，裂隙由张开状态逐渐转变为闭合状态，在这一过程中，受裂隙端部微破裂区的影响，裂隙面可能产生错动和位移，由此可能引发裂隙面接触位置（接触位置大致可以分为三类，第一类是靠近裂隙开口，即图 4.10 中的 A 处；第二类是靠近裂隙中部，即图 4.10 中的 B 处；第三类是靠近裂隙尖端，即图 4.10 中的 C 处）发生改变，当然，裂隙面也可能产生多段接触，这是由裂隙面的粗糙程度和变形等因素决定的。这样，原表面裂隙可能会形成一个新的闭口裂隙（也可能是多个闭口裂隙，这是由裂隙面接触位置的个数决定的）。在压缩载荷作用下，闭口裂隙中部因弯曲而承受拉应力作用，当拉应力达到岩石的抗拉强度时，即产生张裂纹。随着载荷继续增大，张裂纹快速扩展，新生裂纹面逐渐张开，同时可能引起新生裂纹两侧块体的对向微小转动（如图 4.10 中 M 和 M' 方向），这会促使 ab 和 $a'b'$ 处的微小区域与下部裂隙面 kk' 硬接触（受加载速率、裂纹扩展速度和裂隙闭合程度的影响，也可能会形成小冲撞，在冲撞的瞬间也可能产生裂片），由此形成以 a 和 a' 为中心的扇形压裂区，可能产生裂片（如图 4.10 中 abc 和 $a'b'c'$）；若与此同时岩体破裂，则由岩体破坏所释放的应变能施加在裂片而产生崩射现象。

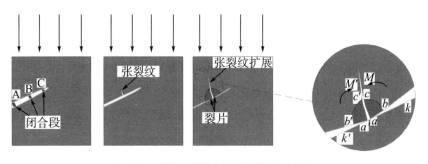

图 4.10　表面裂隙中部裂片的形成机制

综上，表面裂隙岩体在单轴加载条件下的破坏机制可以表述为：①加载初期，表面裂隙岩体处于弹性变形阶段，表面裂隙由张开状态逐渐转变为闭合状态。②随着载荷增大，表面裂隙岩体首先在裂隙尖端产生微破裂区，进而由微破裂区形成宏观的扩展裂纹（多为剪裂纹）。③随着载荷继续增大，裂隙中部因弯曲受拉而产生张裂纹，由此加速了裂隙面的完全闭合和压实，进而由压裂形成了裂隙中部的裂片；与此同时，也可能在岩体距裂隙较远处产生张裂纹。④当载荷接近表面裂隙岩体峰值强度时，剪裂纹和张裂纹快速扩展，也可能出现剪裂纹和张裂纹连通，有时候会形成一个"连通圈"。⑤当载荷达到表面裂隙岩体峰值强度时，由主裂纹扩展贯通致使岩体破坏。

4.2.4　压缩载荷下表面裂隙岩体的强度特征

4.2.4.1　压缩载荷下表面裂隙对岩体强度的影响

裂隙倾角对岩体峰值强度的影响如图 4.11 所示。通过分析可知：①当贯通率不变时，表面裂隙岩体的峰值强度和加载位移均随裂隙倾角的增大呈现先减小后增大的变化规律，其曲线呈非对称性的"V"字形，而文献［206］中所得结论为对称性的"V"字形，这可能是因为文献中为深埋裂隙。当倾角为45°时，表面裂隙岩体的峰值强度和加载位移达到最小值。②表面裂隙岩体的弹性模量随裂隙倾角的增大呈现先增大后减小的变化规律，其曲线呈倒置的非对称性"V"字形，当倾角为 45°时，达到最大值。③0°倾角表面裂隙岩体的峰值强度略大于75°倾角，但75°倾角的加载位移较0°倾角的大。

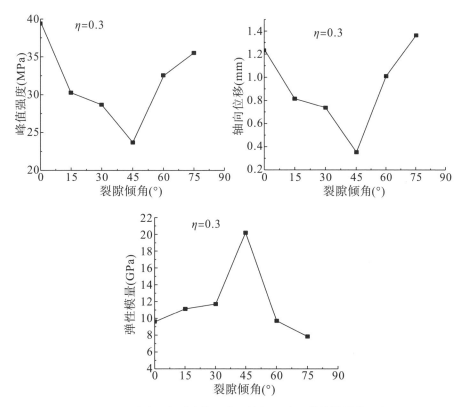

图 4.11　裂隙倾角对峰值强度、轴向位移和弹性模量的影响

4.2.4.2　压缩载荷下表面裂隙岩体的载荷－位移特征

Wawersik 和 Fairhurat 按岩体在峰值强度后的曲线特征将岩体破坏分为两类：一类是单调增加的曲线，称为Ⅰ型破坏；另一类是非单调增加的曲线，称为Ⅱ型破坏，如图 4.12 所示。Ⅰ型破坏表现出岩体的塑性特征，Ⅱ型破坏则表现出岩体的脆性特征。

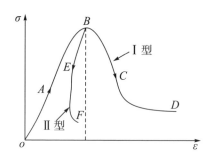

图 4.12　单轴压缩下岩体的Ⅰ型和Ⅱ型破坏曲线

图 4.13 为表面裂隙岩体在单轴压缩载荷下的载荷－位移曲线，下面对其进行分析。

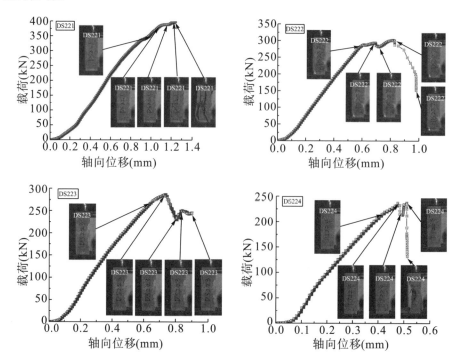

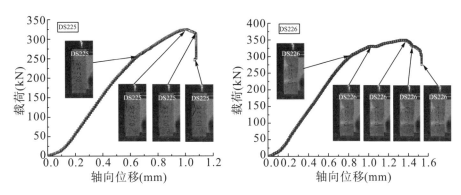

图 4.13　单轴压缩下表面裂隙岩体的载荷-位移曲线

岩体 DS221：当载荷为 0~52.35kN 时，曲线呈上凹状，此段载荷增长缓慢，而位移增长较快；当载荷为 52.35~221.10kN 时，曲线呈直线状，此段直线斜率最大；当载荷为 221.10~330.64kN 时，曲线几乎呈直线状，但斜率略小于前一阶段，此阶段裂隙起裂或萌生新裂纹；当载荷为 330.64~398.93kN 时，曲线呈现分段上升态势，表明此段发生裂纹起裂和扩展以及萌生新裂纹（此处所指新裂纹与预制裂隙无关，下同）；当载荷小于 398.93kN时，裂纹在短时间内扩展贯通，岩体破裂。

岩体 DS222：当载荷为 0~36.23kN 时，曲线呈上凹状，此段载荷增长缓慢，而位移增长较快；当载荷为 36.23~141.81kN 时，曲线呈直线状，此段直线斜率最大；当载荷为 141.81~282.12kN 时，曲线仍为直线状，但斜率略小于前一阶段，此阶段裂隙起裂或萌生新裂纹；当载荷为 282.12~301.34kN时，曲线呈现起伏式增长态势，在此过程中出现应力回落现象，表明此阶段可能同时发生新裂纹萌生、裂纹起裂和快速扩展的复杂现象，并伴随裂块沿裂隙面滑移；当载荷从 301.34kN 降至 115.89kN 时，裂纹贯通而致岩体破裂，裂隙面滑动至最大。

岩体 DS223：当载荷为 0~33.77kN 时，曲线呈上凹状，此段载荷增长缓慢，而位移增长较快；当载荷为 33.77~94.08kN 时，曲线呈直线状，此段直线斜率最大；当载荷为 94.08~266.66kN 时，曲线仍为直线状，但斜率略小于前一阶段，此阶段裂隙起裂或萌生新裂纹；当载荷为 266.66~324.39kN时，裂纹进入快速扩展阶段；当载荷从 324.39kN 降至 229.58kN 时，张裂纹贯通，剪裂纹稳定扩展；当载荷从 229.58kN 回升至 250.57kN 时，剪裂纹稳定扩展，岩体出现塑性硬化现象；当载荷从 250.57kN 降至 244.62kN 时，剪裂纹贯通致岩体最终破裂。

岩体 DS224：当载荷为 0～21.05kN 时，曲线呈上凹状，此段载荷增长缓慢，而位移增长较快；当载荷为 21.05～84.87kN 时，曲线呈直线状，此段直线斜率最大；当载荷为 84.87～206.24kN 时，曲线几乎呈直线状，但斜率略小于前一阶段，此阶段裂隙起裂或萌生新裂纹；当载荷为 206.24～232.63kN 时，出现第一峰值，曲线仍呈直线状，但斜率进一步减小，裂纹快速扩展；当载荷从 232.63kN 跌至 214.46kN 时，张裂纹贯通；当载荷为 214.46～235.77kN 时，出现第二峰值，裂纹贯通致使裂块沿原裂隙面滑移，下向裂纹快速扩展；当载荷从 235.77kN 降至 131.70kN 时，裂块掉落，岩体最终破裂。

岩体 DS225：当载荷为 0～31.14kN 时，曲线呈上凹状，此段载荷增长缓慢，而位移增长较快；当载荷为 31.14～129.82kN 时，曲线呈直线状，此段直线斜率最大；当载荷为 129.82～251.74kN 时，曲线仍为直线状，但斜率略小于前一阶段，此阶段裂隙起裂或萌生新裂纹；当载荷为 251.74～324.39kN 时，裂纹进入快速扩展阶段，同时出现裂块沿原裂隙面滑移；当载荷从 324.39kN 降至 313.65kN 时，裂纹持续张开并贯通致岩体最终破裂。

岩体 DS226：当载荷为 0～30.02kN 时，曲线呈上凹状，此段载荷增长缓慢，而位移增长较快；当载荷为 30.02～93.52kN 时，曲线呈直线状，此段直线斜率最大；当载荷为 153.36～292.42kN 时，曲线几乎呈现直线状，但斜率略小于前一阶段，此阶段裂隙起裂或萌生新裂纹；当载荷为 292.42～324.39kN 时，裂纹进入快速扩展阶段，同时出现裂块沿原裂隙面滑移；当载荷从 324.39kN 降至 313.65kN 时，裂纹贯通致岩体最终破裂。

综上分析，表面裂隙岩体在单轴压缩载荷下大致经历了五个阶段。

第一阶段（裂隙闭合压密阶段）：该阶段表现为轴向位移增长较快，而载荷增长缓慢，载荷-位移曲线呈上凹状。该阶段裂隙在轴向压力作用下由张开逐渐转为闭合。在这一阶段，表面裂隙岩体的曲线特征是一致的，也没有观察到裂隙起裂和新裂纹产生。

第二阶段（弹性变形阶段）：该阶段载荷-位移曲线表现为线性增长，载荷-位移曲线基本呈直线状，且该直线的斜率较加载阶段其他时期的要大。该阶段没有观察到裂隙起裂和新裂纹产生。在此阶段出现弹性极限。

第三阶段（裂隙起裂和新裂纹萌生阶段）：该阶段曲线基本呈直线状，其斜率较第二阶段略小（有时候几乎相等）。该阶段主要发生裂隙起始扩展，同时伴随新裂纹的萌生。在此阶段岩体出现屈服极限。

第四阶段（裂纹快速扩展至贯通阶段）：该阶段曲线呈起伏状，各曲线段斜率进一步减小，直至为零。该阶段出现裂纹快速扩展，也可能出现裂纹连通现象。在此阶段岩体达到峰值强度。

第五阶段（破坏阶段）：该阶段各曲线斜率由零变负，且曲线可能会出现垂直于位移轴的情况，这是由裂纹快速贯通引起的。该阶段为载荷峰值点后曲线部分，由这段峰后曲线可以看出，表面裂隙岩体在达到极限强度后，其破坏的发展可能要经历一个过程才达到完全破坏（如岩体 DS221、DS222、DS223 和 DS224），也可能是达到极限强度的瞬时即产生完全破坏（如岩体 DS225 和 DS226）。在此阶段岩体可能会有残余强度。

4.3　三点弯曲载荷下岩体表面裂隙的扩展过程与断裂特征

4.3.1　三点弯曲载荷下岩体表面裂隙扩展角的表征与测定方法

现以高速摄像机所拍摄的那一面为正面（反之为背面）来说明各种角度的定义和测量方法，如图 4.14 所示。

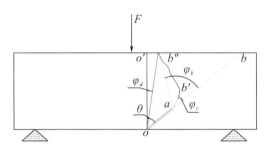

图 4.14　三点弯曲载荷下裂隙扩展角的表征

初裂角：裂纹初始扩展方向（即裂尖起始扩展路径的切线方向）与裂隙面之间的夹角，即 ab' 与 ab 之间的夹角，用 φ_c 来表示。对于上向裂隙的初裂角：以 a 为顶点，ab 为起始线，逆时针所测得的角度为正值，反之为负值。下向裂隙的初裂角与上向裂隙的规定相反。

扩展角：预制裂隙尖端和贯通位置之间连线（ab''）与裂隙所在直线延长线（ab）之间的夹角，用 φ_k 来表示。对于上向裂隙的扩展角：以 a 为顶点，ab 为起始线，逆时针所测得的角度为正值，反之为负值。下向裂隙与上向裂隙的扩展角规定相反。关于扩展角的计算可参考式（4.1）。

断裂角：若岩体的断裂是从裂尖扩展开始的，则定义裂隙出露位置和裂纹贯通于岩体表面位置的连线与竖直面之间的夹角，即 ob'' 与 oo' 之间的夹角，用 φ_d 来表示。对于上向裂隙的初裂角：以 o 为顶点，oo' 为起始线，顺时针所测得的角度为正值，反之为负值。下向裂隙与上向裂隙的断裂角规定相同。若岩体断裂不是从裂尖开始扩展的，则用次生断裂角来测定岩体的断裂方向和角度。

次生裂隙断裂角：当岩体从裂隙面上某点（除裂尖外）断裂时，将断裂线（面）上下边缘位置的连线与竖直线（面）之间的夹角称为次生裂隙断裂角。以摄影面为正面，规定以竖直线（面）顺时针旋转至断裂线（面）时所测得角度为正值，反之为负值，背面次生裂隙断裂角的正负规定与正面相反，此处的次生断裂角与裂隙位置有关。若岩体是从岩体中部附近非裂隙处断裂时，次生断裂角的定义同前，但此时的岩体断裂属于纯弯曲断裂，与裂隙的位置无关。

以上定义和说明均以预制裂隙位于岩体的右侧（称为右裂隙，反之为左裂隙）来进行说明，左裂隙的角度正负与右裂隙的规定相反；中位裂隙按裂隙偏向来归类，即偏向左侧即为左裂隙，反之为右裂隙。特别地，对于倾角为 $0°$ 的中位裂隙，称为中心裂隙，本书规定中心裂隙的初裂角均为正值，扩展角和断裂角的正负同上规定。显然，背面测量的角度与正面测量的角度正好相反。为了统一正负，正面和背面的左、右裂隙的定义相同，即正面的右裂隙为背面的左裂隙，反之亦然。

4.3.2 三点弯曲载荷下岩体表面裂隙的扩展路径

（1）上位上向裂隙岩体。

上位上向裂隙岩体（本书仅列出贯通率为 0.5 和偏置系数为 0.609 的裂隙岩体）的断裂形态见表 4.4，因受岩体厚度等因素的影响，岩体正面和背面的扩展（断裂）形态不一。因此，本节对各种参数采用正面和背面的平均值进行分析，得到以下结论：①从岩体断裂的位置来看，只有 DS131 和 DS132 是从裂隙尖端扩展断裂的，其余均从岩体中部断裂。②沿裂隙尖端扩展的初裂角会产生反平面扩展（即Ⅲ型扩展），岩体正面和背面所得初裂角与断裂角有一定偏差。DS131 和 DS132 的平均初裂角分别为 29.5° 和 39°，理论计算值分别为 28.4° 和 46.7°，分别相差 1.1° 和 −7.7°。DS131 和 DS132 的试验平均断裂角分别为 −17.5° 和 −16.5°，理论计算值分别为 −7.9° 和 −10.3°，分别相差 −9.6° 和 −6.2°。

表 4.4 上位上向裂隙扩展及岩体断裂形态

裂隙扩展与岩体断裂形态	说明
DS131 −33° −50° 69° 7° −2° −10° 3	沿预制裂隙扩展断裂，初裂角为 −10°~69°，平均为 29.5°；扩展角为 −50°~7°，平均为 −21.5°；断裂角为 −33°~−2°，平均为 −17.5°。理论初裂角为 28.4°，理论断裂角为 −7.9°
DS132 1° 28° 5° −70° −34° −6° 3	沿预制裂隙扩展断裂，初裂角为 2°~76°，平均为 39°；扩展角为 28°~70°，平均为 49°；断裂角为 −34°~1°，平均为 −16.5°。理论初裂角为 46.7°，理论断裂角为 −10.3°
DS133 −4° 54mm 4° 45mm 3	断裂角为 −4°~4°，平均为 0°
DS-134 −6° 54mm −7° 54mm 3	断裂角为 −7°~−6°，平均为 −6.5°
DS135 −2° 93mm −13° 81mm 3	断裂角为 −13°~−2°，平均为 −7.5°
DS136 −7° 31mm −6° 39mm 3	断裂角为 −7°~−6°，平均为 −6.5°

说明：①红色线代表裂纹路径，蓝色线代表竖直线，黄色粗线代表预制裂隙，白色线代表断裂线（扫描二维码查看）。②每一行中第一张图片为摄影面，第二张为摄影面的背面。

（2）中位上向裂隙岩体。

中位上向裂隙岩体（本书仅列出贯通率为 0.5 的裂隙岩体）的断裂形态见表 4.5，得到以下结论：①从岩体断裂的位置来看，只有 DS235 和 DS236 不沿裂隙尖端扩展断裂，而沿裂隙面上某处断裂。这是由于裂隙过长，裂隙尖端所在横截面的弯矩过小而不满足扩展条件，但在裂隙面某位置达到了岩体的抗拉强度。②从裂隙尖端断裂的岩体来看，同一岩体正面和背面的初裂角不同，这是由裂隙产生反平面扩展而引起的。裂隙倾角小且裂隙长度大的岩体正面和背面的初裂角相差较小，说明岩体发生扭转断裂的可能性会降低。③沿裂隙尖端断裂岩体的平均断裂角小于 10° 占本组岩体的 50.0%，平均断裂角为 10°~

30°的岩体占本组岩体的 38.9％，不沿裂隙尖端断裂的岩体仅占本组岩体的 11.1％。可见，裂隙岩体与加载方向基本一致为其主要断裂方式。

表 4.5　中位上向裂隙扩展及岩体断裂形态

裂隙扩展与岩体断裂形态	裂纹扩展路径	说明
		沿预制裂隙扩展断裂，初裂角为 7°～8°，平均为 7.5°；扩展角为 −3～0°，平均为 −1.5°；断裂角为 4°
		沿预制裂隙扩展断裂，初裂角为 25°～38°，平均为 31.5°；扩展角为 23°～41°，平均为 32°；断裂角为 8°～15°，为 11.5°
		沿预制裂隙扩展断裂，初裂角为 38°～48°，平均为 43°；扩展角为 42°～52°，平均为 47°；断裂角为 17°～18°，平均为 17.5°
		沿预制裂隙扩展断裂，初裂角为 50°～54°，平均为 52°；扩展角为 62°～71°，平均为 66.5°；断裂角为 21°～23°，平均为 22°

裂隙扩展与岩体断裂形态	裂纹扩展路径	说明
		从距离岩体中心线平均 41mm 处的裂隙面开始扩展断裂,扩展角为 90°～93°,平均为 91.5°;断裂角为 −1°～4°,平均为 1.5°
		从距离岩体中心线平均 67mm 处的裂隙面开始扩展断裂,扩展角为 97°～100°,平均为 98.5°;断裂角为 18°～23°,平均为 20.5°

说明:①黄色粗线代表预制裂隙,红色线代表试验条件下裂纹扩展路径,绿色线和蓝色线分别代表基于应力和应变扩展准则下的扩展路径,黄色细线代表断裂线的大致方向(扫描二维码查看)。②每一行中第一张图片为摄影面,第二张为摄影面的背面。

由表 4.6 和表 4.7 可以看出:①初裂角随裂隙倾角的增大而增大,本书理论预测值与试验值吻合较好。当裂隙倾角为 0° 时,初裂角的理论值与试验值相差较大,这是由于本书理论计算式不太适用于无偏置裂隙。②当裂隙倾角较大或贯通率较大时,裂纹将不沿尖端扩展断裂,而从岩体中部断裂,这是由于裂隙倾角的增大引起裂纹扩展模式逐渐由Ⅰ型扩展向Ⅱ型扩展过渡,因此沿裂尖扩展难度增大。总体来说,采用最大周向拉应变准则计算所得初裂角与试验值相对更为接近。③断裂角的试验值和理论值均随裂隙倾角的变化离散性较强,中位裂隙岩体的断裂有一定的偏角。

表 4.6　中位上向裂隙岩体的初裂角

贯通率		裂隙倾角					
		0°	15°	30°	45°	60°	75°
0.1	平均试验初裂角	9.0	35.0	46.0	55.0	59.5	63.5
	应力理论初裂角	13.0	35.4	48.4	56.7	62.9	68.1
	应变理论初裂角	13.0	34.6	46.6	54.1	59.5	63.9

贯通率		裂隙倾角					
		0°	15°	30°	45°	60°	75°
0.1	相差1（%）	44.44	1.14	5.22	3.09	5.71	7.24
	相差2（%）	44.44	−1.14	1.30	−1.64	0.00	0.63
0.3	平均试验初裂角	8.0	33.5	43.5	53.0	59.5	63
	应力理论初裂角	11.5	34.8	48.3	56.9	63.5	68.9
	应变理论初裂角	11.5	34.1	46.6	54.2	60.0	64.6
	相差1（%）	43.75	3.88	11.03	7.36	6.72	9.37
	相差2（%）	43.75	1.79	7.13	2.26	0.84	2.54
0.5	平均试验初裂角	7.5	31.5	43.0	52.0	—	—
	应力理论初裂角	9.8	34.0	48.1	57.1	—	—
	应变理论初裂角	9.8	33.4	46.3	54.4	—	—
	相差1（%）	30.67	7.94	11.86	9.81	—	—
	相差2（%）	30.67	6.03	7.67	4.62	—	—

表 4.7　中位上向裂隙岩体的断裂角

贯通率		裂隙倾角					
		0°	15°	30°	45°	60°	75°
0.1	平均试验断裂角	7.5	3.5	3.5	1.5	−0.5	11.0
	应力理论断裂角	0.5	−4.3	−13.8	0.1	−5.7	−2.3
	应变理论断裂角	0.5	−0.7	−10.7	0.3	−2.6	2.5
	相差1（°）	−7.00	−7.80	−17.30	−1.40	−5.20	−13.30
	相差2（°）	−7.00	−4.20	−14.20	−1.20	−2.10	−8.50
0.3	平均试验断裂角	−1.0	−1.0	9.5	16.5	19.0	22.5
	应力理论断裂角	0.2	−0.8	−3.6	8.5	17.7	18.2
	应变理论断裂角	−0.3	−0.1	−2.0	9.5	18.7	20.8
	相差1（°）	1.20	0.20	−13.10	−8.00	−1.30	−4.30
	相差2（°）	0.70	0.90	−11.50	−7.00	−0.30	−1.70
0.5	平均试验断裂角	4.0	11.5	17.5	22.0	—	—
	应力理论断裂角	−0.01	−2.5	6.8	21.1	—	—
	应变理论断裂角	−0.5	−0.1	7.7	22.3	—	—

贯通率		裂隙倾角					
		0°	15°	30°	45°	60°	75°
0.5	相差 1（°）	−4.01	−14.00	−10.70	−0.90	—	—
	相差 2（°）	−4.50	−11.60	−9.80	0.30	—	—

（3）上位下向裂隙岩体。

上位下向裂隙岩体（本书仅列出贯通率为 0.5 和偏置系数为 0.609 的裂隙岩体）的断裂形态见表 4.8，得到以下结论：①从断裂位置来看，岩体均沿裂隙尖端扩展断裂，说明裂隙尖端位于岩体的拉应力集中区时易产生张拉断裂。②对从裂隙尖端断裂的岩体来说，由于裂隙可能会产生反平面扩展，岩体正面和背面所得初裂角和断裂角有一定偏差，且偏差值较离散。初裂角的理论计算值与试验的平均值之间的偏差随贯通率的增大而减小，随裂隙倾角的增大也有减小的趋势。断裂角和初裂角有着相似的变化规律，平均最大断裂角为46.5°。上位下向裂隙岩体断裂以与加载方向斜交为主要方式。

表 4.8　上位下向裂隙扩展及岩体断裂形态

裂隙扩展与岩体断裂形态	裂纹扩展路径	说明
		沿预制裂隙扩展断裂，初裂角为 6°~8°，平均为 7°；扩展角为 15°~16°，平均为 15.5°；断裂角为 −20°~−19°，平均为 −19.5°
		沿预制裂隙扩展断裂，初裂角为 29°~36°，平均为 32.5°；扩展角为 15°~29°，平均为 22°；断裂角为 −30°~−25°，平均为 −27.5°

续表

裂隙扩展与岩体断裂形态	裂纹扩展路径	说明
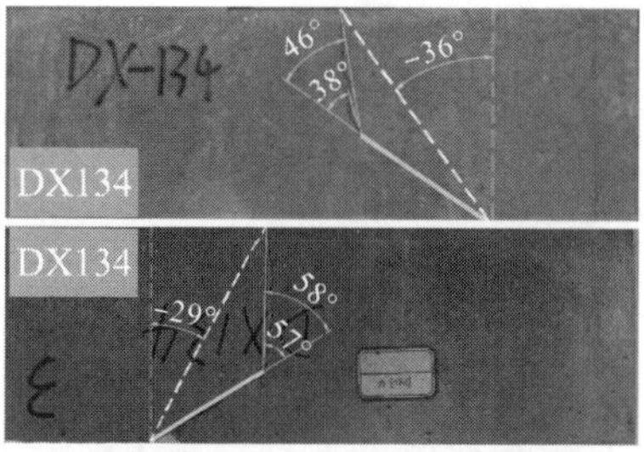	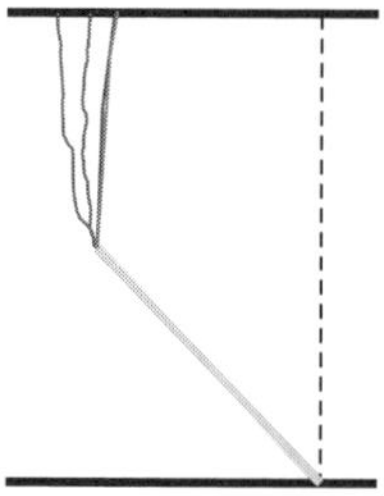	沿预制裂隙扩展断裂，初裂角为$38°\sim57°$，平均为47.5；扩展角为$38°\sim58°$，平均为$48°$；断裂角为$-36°\sim-29°$，平均为-32.5。
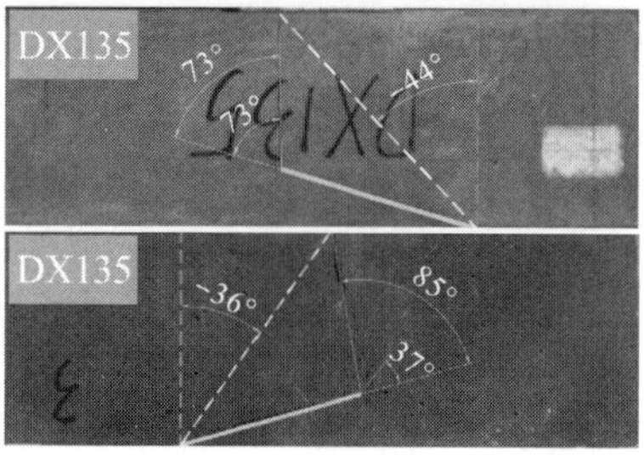	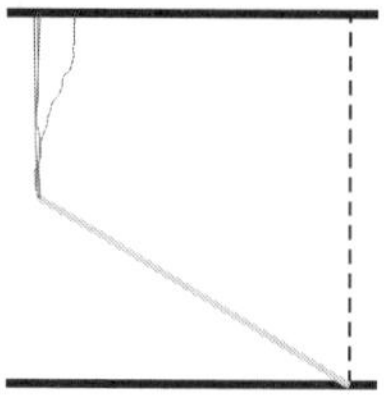	沿预制裂隙扩展断裂，初裂角为$37°\sim73°$，平均为55；扩展角为$73°\sim85°$，平均为$79°$；断裂角为$-44°\sim-36°$，平均为-40
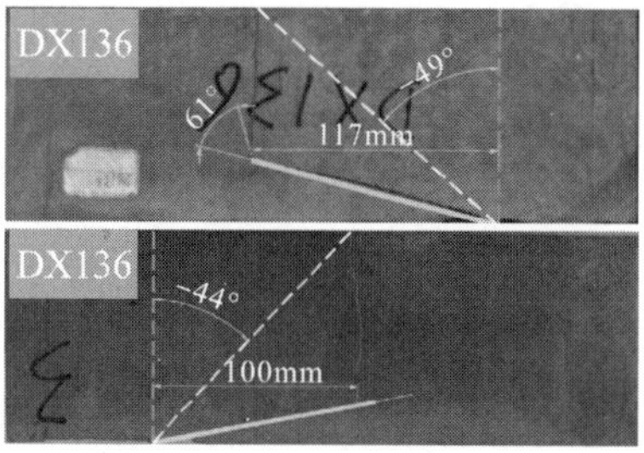	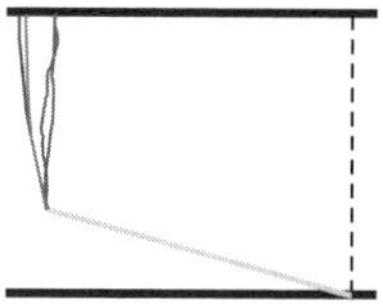	岩体正面初裂角角为$61°$，岩体背面从距离岩体中心线约$100mm$处的裂隙面开始扩展断裂，断裂角为$-49°\sim-44°$，平均为-46.5

由表 4.9 和表 4.10 可以看出：①当裂隙倾角较小时，初裂角相差较大，其余情况吻合较好。②初裂角随裂隙倾角的增大而增大，初裂角试验值和理论值的变化规律相符。③当裂隙倾角较小时，断裂角相差较大，其余情况吻合较好。④断裂角随裂隙倾角的增大而增大，断裂角试验值和理论值的变化规律相符。

表 4.9　上位下向裂隙岩体的初裂角

贯通率		裂隙倾角				
		$15°$	$30°$	$45°$	$60°$	$75°$
0.3	平均试验初裂角	0.0	—	29.0	53.0	61.0
	应力理论初裂角	0.1	—	46.3	56.3	62.7
	应变理论初裂角	0.1	—	44.7	53.7	59.3

贯通率		裂隙倾角				
		15°	30°	45°	60°	75°
0.3	相差 1（%）	−100.00	—	−37.37	−5.86	−2.71
	相差 2（%）	−100.00	—	−35.12	−1.30	2.87
0.5	平均试验初裂角	7.0	32.5	47.5	55.0	61.0
	应力理论初裂角	6.3	33.8	48.7	57.8	63.0
	应变理论初裂角	6.3	33.2	47.0	55.1	59.5
	相差 1（%）	11.11	−3.85	−2.46	−4.84	−3.17
	相差 2（%）	11.11	−2.11	1.06	−0.18	2.52

表 4.10　上位下向裂隙岩体的断裂角

贯通率		裂隙倾角				
		15°	30°	45°	60°	75°
0.3	平均试验断裂角	−27.5	—	−30.0	−40.5	−43.0
	应力理论断裂角	−9.4	—	−14.1	−26.1	−34.8
	应变理论断裂角	−9.3	—	−14.5	−26.6	−36.0
	相差 1（%）	−65.82	—	−53.00	−35.56	−19.07
	相差 2（%）	−66.18	—	−51.67	−34.32	−16.28
0.5	平均试验断裂角	−19.5	−27.5	−32.5	−40.0	−46.5
	应力理论断裂角	−9.6	−14.1	−24.3	−40.7	−49.7
	应变理论断裂角	−9.6	−14.2	−24.5	−41.5	−50.6
	相差 1（%）	−50.77	−48.73	−25.23	1.75	6.88
	相差 2（%）	−50.77	−48.36	−24.62	3.75	8.82

4.3.3　三点弯曲载荷下岩体表面裂隙的扩展模式及断裂特征

4.3.3.1　三点弯曲载荷下岩体表面裂隙扩展全过程分析

由图 4.15 可知：①与单轴压缩载荷相同，三点弯曲载荷下的裂纹也是弯弯曲曲向前扩展的。②当裂隙倾角≤15°时，上位上向裂隙岩体会沿裂隙尖端扩展断裂；当裂隙倾角大于 15°时，上位上向裂隙岩体不会沿裂隙尖端扩展断裂，而于岩体大致中央位置断裂，且为单一裂纹。③沿裂隙尖端扩展的裂纹会朝向载荷作用位置处扩展，一般在裂隙尖端均会出现较大转折。其余情况下的裂纹基本沿岩体中央处断裂。

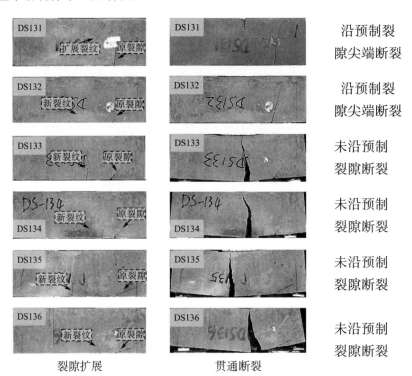

裂隙扩展　　　　　　　　　贯通断裂

图 4.15　上位上向裂隙扩展与断裂过程

由图 4.16 可知：①裂纹是弯弯曲曲向前扩展的。②DS235 和 DS236 从预制裂隙面上某处断裂，这是由裂隙过长而造成的，其余岩体均沿预制裂隙尖端扩展断裂，且均为单一裂纹。③非 0°倾角裂隙的裂纹扩展路径突变转折均出现在预制裂隙尖端。通过上述分析，表面裂隙岩体基本沿裂隙尖端扩展断裂。

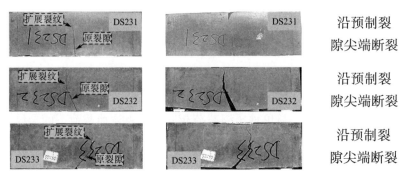

沿预制裂
隙尖端断裂

从预制裂
隙面断裂

从预制裂
隙面断裂

裂隙扩展　　　　　　　贯通断裂

图 4.16　中位上向裂隙扩展与断裂过程

由图 4.17 可知：①裂纹是弯弯曲曲向前扩展的。②当沿预制裂隙尖端扩展时，扩展路径在裂隙尖端处相比上位上向裂隙岩体要短；当不沿预制裂隙尖端扩展时，裂纹一般从岩体大致中央处产生并由此扩展断裂，且均为单一裂纹。③沿裂隙尖端扩展的裂纹，载荷作用位置和作用方向对裂纹扩展路径有较大影响。

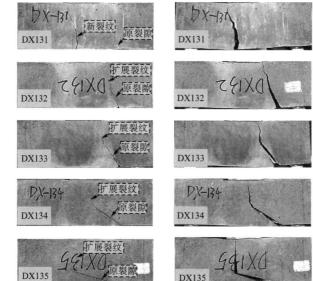

裂隙扩展　　　　　　　贯通断裂

图 4.17　上位下向裂隙扩展与断裂过程

4.3.3.2 三点弯曲载荷下表面裂隙岩体的断裂机制

试验发现，三点弯曲载荷下表面裂隙岩体沿裂隙尖端扩展断裂是在瞬间完成的，其破断模式分为沿裂隙尖端扩展断裂和沿岩体中部断裂两种。

①沿裂隙尖端扩展断裂机制。在外载荷作用下，裂隙的存在实质上是改变了岩体内应力分布，引起裂隙周边尤其是裂隙尖端产生应力集中，导致岩体首先从裂隙尖端产生裂纹；之后，随着应力集中转移至新的裂隙尖端，驱使裂纹继续扩展，最终导致裂纹贯通直至岩体完全破裂。一般而言，三点弯曲载荷下裂隙尖端可能会产生 I + II 复合型扩展，这是由裂隙的位置、倾角和长度等几何因素决定的。对于无偏置裂隙，由于裂隙尖端剪应力为零，故裂隙扩展是由其尖端的拉应力达到了材料的抗拉强度而致。对于偏置裂隙，拉应力仍然是裂纹扩展的主要动力。同时应注意，裂隙尖端剪应力不为零，其拉应力集中受剪应力（实际上是由作用于截面上的剪应力所形成的名义剪应力）的影响而有所减小，因此，按照最大拉应力破坏准则判定裂纹扩展时必须要考虑剪应力的影响。

②沿岩体中部断裂机制。由材料力学易知，三点弯曲载荷下岩体中部的下表面承受最大弯矩，即岩体中部的下表面承受最大拉应力，当该拉应力达到岩体材料的抗拉极限时，岩体沿中部位置产生裂纹，并由其扩展而断裂。另外，从理论上讲，表面裂隙岩体还可能同时产生沿裂隙尖端扩展断裂和沿岩体中部断裂的破坏模式，称为复合式断裂。按照最大拉应力理论，只有当裂隙尖端的集中拉应力和岩体中部下表面所承受的拉应力同时达到岩体材料的抗拉强度时才能出现复合式断裂，所以实验室中一般很难观察到复合式断裂。但从数值模拟试验中已经验证复合式断裂是存在的。因此，三点弯曲载荷下表面裂隙岩体的破坏模式包括沿裂隙尖端扩展断裂、沿岩体中部断裂和复合式断裂。

4.3.4 三点弯曲载荷下表面裂隙岩体的强度特征

4.3.4.1 三点弯曲载荷下表面裂隙对岩体强度的影响

由图 4.18 可知，上位上向裂隙岩体和上位下向裂隙岩体的峰值力大致随裂隙倾角的增大呈现先增大后减小的变化规律；中位上向裂隙岩体的峰值力大致随裂隙倾角的增大而增大。峰值力所对应的加载位移和裂隙倾角之间的关系也具有上述相似规律。

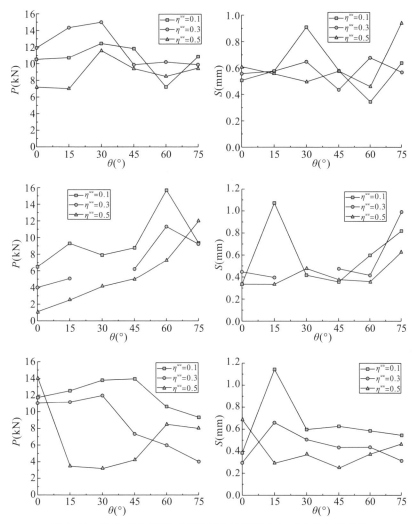

图 4.18　三点弯曲载荷下裂隙岩体的峰值力与对应的加载位移

4.3.4.2　三点弯曲载荷下表面裂隙岩体的载荷-位移特征

图 4.19 为中位上向表面裂隙岩体的载荷-位移曲线，通过分析可知：载荷-位移曲线在峰值前基本呈现上凹状，但加载初期曲线各段的斜率较峰值前的小，按照斜率的大小可将峰值前的曲线分为弹性压缩和弹性弯曲两个阶段。弹性压缩阶段表现为岩体内的孔隙被压密或张开，但表面裂隙基本保持原状，该阶段曲线各段的斜率小。弹性弯曲阶段表现为岩体微微弯曲，表面裂隙逐渐张开，该阶段曲线各段的斜率较压缩阶段大。当载荷达到峰值力前，曲线没有明显的拐点，也就是说载荷达到峰值前不产生裂纹扩展。达到峰值后，曲线斜

率为负，沿裂隙尖端的裂纹几乎是瞬间扩展贯通致使岩体断裂。达到峰值后的曲线展示出明显的脆性破坏特征。因此，可将三点弯曲载荷下表面裂隙岩体的破坏过程分为弹性压密变形、弹性弯曲变形和破坏三个阶段。

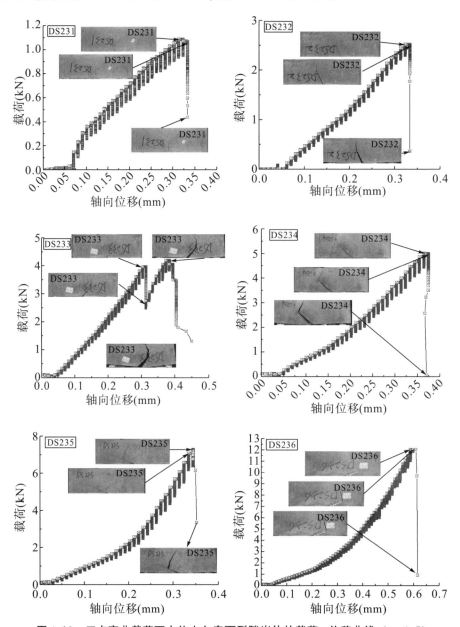

图 4.19　三点弯曲载荷下中位上向表面裂隙岩体的载荷—位移曲线（$\eta=0.5$）

4.4　表面裂隙岩体的断裂参数

（1）抗拉强度的计算。

文献［212］给出了三点弯曲载荷下含竖裂隙岩体的抗拉强度计算式：

$$\sigma_t = \frac{3F_{max}S}{2t\,(h-a)^2} \qquad (4.3)$$

式中，F_{max} 为岩体能承受的最大载荷；S 为岩体跨度；t 为岩体的厚度；h 为岩体的高度；a 为预制裂隙的长度。

将 DS211、DS221 和 DS231 三个岩体的试验参数代入式（4.3），可得其抗拉强度分别为 3.12MPa、3.17MPa 和 1.69MPa，平均抗拉强度为 2.66MPa。

（2）断裂能的计算。

文献［213］给出了断裂能（即Ⅰ型断裂能）计算式为：

$$G_f = \frac{W_0 + 2mg\delta_0}{(h-a)t} \qquad (4.4)$$

式中，W_0 为外载荷所做的功；δ_0 为三点弯曲岩体破坏时对应的加载位移；m 为岩体的密度，本书测定值为 1333.33kg·m^{-3}；其余参数含义同式（4.3）。

将 DS211、DS221 和 DS231 三个岩体的试验参数代入式（4.4），可得断裂能分别为 122.96N·m^{-1}、131.65N·m^{-1} 和 41.47N·m^{-1}。断裂能随缝高比的增大而呈非线性变化，当缝高比为 0.3 时，断裂能最大，这与文献［214］的研究结论一致。与文献［213］给出的混凝土断裂能（103.376N·m^{-1}）和岩石断裂能（157.421N·m^{-1}）相比，DS211 和 DS221 的断裂能较接近。因此，本书取 DS211 和 DS221 的平均值 127.31N·m^{-1} 作为岩体的断裂能。根据文献［215］～［217］，剪切断裂能（即Ⅱ型断裂能）可按断裂能（即Ⅰ型断裂能）的 20 倍计算，即得剪切断裂能为 2546.2N·m^{-1}。

（3）断裂韧度的计算。

将 DS211、DS221 和 DS231 三个岩体的试验参数代入第 3 章给出的三点弯曲载荷下断裂韧度计算式，结果见表 4.11。

表 4.11　Ⅰ型断裂韧度计算值

编号	K_{Ic} (MPa·m$^{0.5}$)		
	$K_{Ic}=P\left(Y_{\mathrm{I}}\dfrac{S\cos^{3/2}\theta}{4BW^{3/2}}-Y_{\mathrm{II}}\dfrac{\sin\theta\ \sqrt{\cos\theta}}{B\ \sqrt{W}}\right)$	$K_{Ic}=\sigma_t/6.88$[218]	$K_{Ic}=\dfrac{PS}{BW^{3/2}}\cdot$ $f\left(\dfrac{a}{W}\right)$[218]
DS211	0.725	0.453	0.520
DS221	0.662	0.461	0.590
DS231	0.291	0.246	0.283

与文献［218］和［188］对比发现：①文献［218］与本书结果和文献［188］均相差较大。②DS221 和 DS231 岩体采用本书公式计算结果与文献［188］的结果分别差 0.072 和 0.008，相差（以文献［188］为标准值）分别为 12.2% 和 2.83%。由此可见，本书公式在缝高比约为 0.5 时与文献［188］计算值较接近，同时也证明了标准试样的缝高比选用 0.45~0.55 的合理性。

表 4.12 为由抗拉强度推算Ⅰ型断裂韧度计算式。显然，与文献相比，表中第三式估算断裂韧度的可靠程度较高，建议选用。

表 4.12　Ⅰ型断裂韧度计算式

编号	抗拉强度（MPa）	K_{Ic} (MPa·m$^{0.5}$)	K_{Ic} 的计算式	相差
DS211	3.12	0.725	$K_{Ic}=\sigma_t/4.303$	39.4%
DS221	3.17	0.662	$K_{Ic}=\sigma_t/4.758$	12.2%
DS231	1.69	0.291	$K_{Ic}=\sigma_t/5.808$	2.83%

表 4.13 为本书理论计算所得 K_{IIc}，其平均值 3.69MPa·m$^{0.5}$ 与文献［219］试验所得平均值 3.36MPa·m$^{0.5}$ 相差 9.8%，说明本书的理论计算方法可靠。

表 4.13　Ⅱ型断裂韧度计算值

编号	峰值强度（MPa）	$\sigma_{cc}K_{IIc}$ / (m$^{-0.5}$)	K_{IIc} (MPa·m$^{0.5}$)	K_{IIc} 均值 (MPa·m$^{0.5}$)
DS222	30.26580	8.79906	3.424708	
DS223	28.68713	7.59053	3.778126	
DS224	23.72346	6.08988	3.871465	3.69
DS225	32.54761	5.634	5.757732	
DS226	35.49333	6.6594	5.242265	

第5章　巷道顶板表面裂隙岩层断裂机理

巷道掘进过程中的空顶区顶板岩层处于暂时未支护状态，但这短暂的未支护条件下的空顶区却成为整个巷道施工过程中最危险的区域，也是顶板事故的频发区和重灾区。由于开挖的影响或原生裂隙的显露而在岩体上形成表面裂隙，表面裂隙不仅会降低岩体强度，也会因其扩展而引发顶板岩层破断及岩层结构失稳，进而酿成灾害事故。为揭示表面裂隙对岩层断裂（失稳）的影响机制，根据巷道顶板可能产生的破断（失稳）类型，本章首先利用关键层理论和松动圈理论对巷道空顶区顶板岩层进行分区，建立巷道顶板表面裂隙岩层的力学模型。其次，基于巷道围岩破坏理论和极限平衡原理提出巷道顶板的"梁"结构转换条件，并采用叠加原理和"梁"的弯曲理论分析表面裂隙岩层载荷等效替换的可行性。再次，基于本书建立的岩体表面裂隙扩展的 K 判据及相关理论，分析表面裂隙单一岩层断裂（失稳）的判定条件，以及复合岩层表面裂隙的穿层扩展、层间错动与分离条件，并采用室内实验和 Abaqus 数值仿真方法对其进行验证分析。最后，开展含表面裂隙的 HSS 型、SSH 型和 SHS 型复合岩层的裂隙扩展与断裂特征，以及断裂后块体之间的相互作用关系及其组合结构稳定性方面的探讨。

5.1　巷道顶板表面裂隙岩层的力学模型与受力转换

5.1.1　巷道顶板岩层破坏的类型

巷道围岩的稳定性与其力学强度和力学结构密切相关，结合受力特点，巷道顶板岩梁可能发生的破坏（失稳）形式包括：①重力弯曲破坏（图5.1），即巷道顶板岩层在重力作用下发生的弯曲破坏，此时将巷道顶板视为材料力学中"梁"(即岩梁),在重力作用下,岩梁某处所承受的拉应力达到自身的抗拉强度时即产生张拉断裂。②水平应力压剪破坏(图5.2),即巷道顶板岩层在水平应力作用下发生压裂破坏,此时将巷道顶板视为轴向压缩下的岩体,当水平应力(轴向压力)达到岩梁的抗压强度时即产生压裂破坏。③水平应力屈曲失稳(图5.3),即巷道顶板岩层在水平应力作用下发生屈曲,此时将巷道顶板岩梁视为材料力学中的"压杆",当水平应力达到岩梁保持稳定的临界力时即判定岩梁失稳。④复合载荷失稳,即巷道顶板岩层在水平应力和垂直应力共同作用下引起弯曲失稳或断裂,此时可利用材料力学中的压弯组合变形方法或纵横弯曲(纵力指水平应力,横力指重力载荷,下同)方法来进行分析。当岩梁的抗弯刚度很大时,水平应力和重力的作用互相独立,复合载荷失稳可视为由水平应力和重力叠加效应引起,巷道顶板岩梁的稳定性用压弯组合变形方法进行分析。当岩梁的抗弯刚度很小时,水平应力和重力的作用互相影响,巷道顶板岩梁的稳定性用纵横弯曲方法来分析。从岩梁破坏(失稳)的力学属性上来说,①和②属于强度问题,③属于结构稳定性问题,④属于强度和结构稳定性的复合问题。

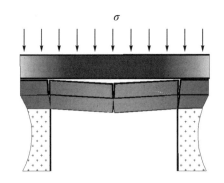

图5.1　重力作用下巷道顶板的弯曲破坏

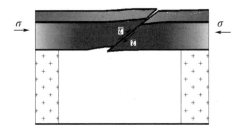

图5.2　水平应力作用下巷道顶板的压剪破坏

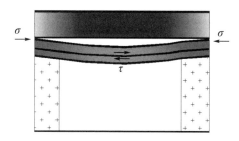

图 5.3　水平应力作用下巷道顶板的屈曲失稳

从岩层的抗弯刚度角度分析，复合载荷作用下巷道顶板岩层的失稳可分为两大类：①若巷道顶板岩梁的抗弯刚度很大，那么由水平应力所引起的弯曲应力可忽略不计。当重力很小时，岩梁可能产生水平应力作用下的压裂破坏；当重力很大时，岩梁也可能产生重力弯曲和水平应力屈曲叠加效应所致的"纵横弯曲失稳"。②若巷道顶板岩梁的抗弯刚度较小，那么由水平应力所引起的弯曲应力不能忽略，岩梁的失稳（破坏）是由重力弯曲和水平应力屈曲的叠加而致。

5.1.2　巷道顶板岩层表面裂隙的分类及巷道顶板岩层的分区

5.1.2.1　巷道顶板岩层表面裂隙的分类

一般来说，表面裂隙对巷道顶板岩层的影响因裂隙数量、分布形式、方位（倾角）和贯通程度的变化而异。在某一特定的研究区域内，表面裂隙沿巷道轴向和岩层厚度的延伸状态（或贯通程度）对岩层的稳定性影响显著。考虑表面裂隙对巷道顶板岩层稳定性可能产生的影响范围，按表面裂隙走向与巷道轴向夹角不同可分为横向裂隙、纵向裂隙和斜交裂隙。如图 5.4 所示，横向裂隙是指表面裂隙走向基本垂直于巷道轴向的表面裂隙；纵向裂隙是指表面裂隙走向基本平行于巷道轴向的表面裂隙；斜交裂隙是指表面裂隙走向与巷道轴向成锐角的表面裂隙。事实上，巷道顶板岩层表面裂隙是以上三种类型的复合形式，这也是巷道顶板岩层破裂严重的重要原因之一。就含单一表面裂隙的岩层而言，纵向裂隙对巷道顶板稳定性的影响最大，斜交裂隙次之，横向裂隙最小。

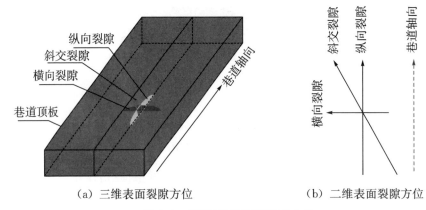

（a）三维表面裂隙方位　　　　　　（b）二维表面裂隙方位

图 5.4　巷道顶板表面裂隙的方位

5.1.2.2　表面裂隙对巷道顶板破坏的影响

研究表明，巷道顶板表面裂隙会加速顶板塑性破裂区的发展，也是造成岩体破裂加剧以致巷道顶板破断（围岩破坏）的直接因素。巷道顶板岩层的受力状态不同，表面裂隙可能会产生沿岩层表面扩展和向岩层深部扩展两种形式。前者引起裂隙沿岩层表面贯通程度的扩大或各种裂隙沿岩层表面的连通，使岩层表面被切分成块；后者促使岩层由表及内的一定范围的断裂。在两者共同影响下，巷道顶板岩层因断裂而冒落。

在一定条件下，巷道顶板的破坏与岩层表面裂隙的方位密切相关。一方面，考虑到表面裂隙并未完全贯通，巷道顶板在横向裂隙影响下还是一个相对完整的板结构，其承载能力较强。在围岩压力或采动影响下，横向裂隙扩展至贯通后，顶板沿巷道轴向被划分为"有限宽岩板"，而该"有限宽岩板"的稳定状态决定了巷道顶板的稳定性。另一方面，纵向裂隙的扩展至贯通导致巷道顶板岩层断裂（若无横向裂隙，顶板岩层为含纵向裂隙的"完整岩板"，受横向裂隙影响可视为"有限宽岩板"），继而引发冒顶。可见，横向裂隙对巷道顶板岩层稳定性的影响远弱于纵向裂隙。本书主要讨论纵向裂隙对巷道顶板岩层断裂机制的影响。

5.1.2.3　巷道顶板岩层的分区

受成岩条件和地质作用的影响，煤系岩层多为厚度不均、强度不等的多层岩系，井下开挖空间的大小直接影响该空间周围岩层运动的剧烈程度和范围。与采场围岩活动相比，巷道开挖所引起的岩层移动和岩体破坏范围均较小，仅对与巷道周边相近的那部分围岩产生显著影响。巷道围岩松动圈理论认为，巷道围岩松动圈的发展形成有一个时间过程，这说明巷道顶板岩层一般也需经过一段时间才会产生破坏或失稳。在巷道顶板岩层产生破坏或失稳的过程中（即松动圈形成过程中），可能存在一层或几层相对坚硬或稳定的岩层承担着巷道局部上覆岩层的重量，也有学者将其称为巷道顶板关键岩层。基于钱鸣高院士的岩层控制的关键层理论和董方庭教授的巷道围岩松动圈理论的基本思想，本书根据巷道顶板岩层的载荷状态，将其划分为亚关键层区域和主关键层区域（图 5.5）。亚关键层区域的岩层处于巷道顶板松动圈范围之内，巷道顶板的破坏、失稳和冒落发生在这一区域，也就是说，巷道顶板亚关键层区域的破断直接影响其松动圈范围，也是巷道支护和维护的主要对象。主关键层区域处于巷道顶板松动圈之外，即此区域内的岩石处于应力−应变峰前曲线段，该区域内的岩层承担着自身及其上覆岩层的重量。因此，巷道顶板亚关键层区域内的岩层是本书关注和研究的主要对象。

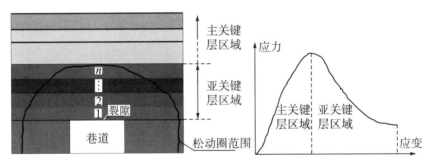

图 5.5　巷道顶板关键岩层区域划分

5.1.3　巷道两帮煤（岩）体对顶板表面裂隙岩层力学结构的影响

如图 5.6 所示，在开挖瞬间或稍滞后的一段时间内，虽然巷道空顶区难以得到及时支护，但巷帮煤（岩）体并未与开挖同时刻产生破坏，此时的顶板岩层可视为两端固定的固支岩梁。在支承压力作用下，两帮煤（岩）体产生塑性屈服，继而发展为具有一定宽度的破裂区和塑性区，该区内的煤（岩）体承载能力大大降低且变形急剧增大，直至支承压力分布稳定后才进入蠕变状态。在上述变化过程中，巷道顶板岩层的力学结构也发生变化，且与岩层自身的力学性质和两帮煤（岩）体的约束作用密切相关。已有研究表明，开挖卸荷将促使巷道顶板岩层的力学结构由固支结构向简支结构转变。显然，当巷道两帮位置上方的顶板岩层断裂时，顶板岩层即为简支结构；反之，顶板岩层的力学结构应考虑两帮煤（岩）体的约束效应来分析。

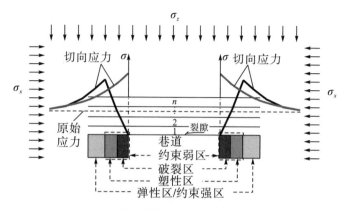

图 5.6 巷道两帮围岩应力分布及围岩分区

巷道两帮煤（岩）体的破裂区和塑性区在一定程度上弱化了巷帮对顶板的约束作用，使得顶板岩梁在竖平面上可以有一定的转动自由，即相当于增大了巷道顶板的跨度，等同于增加了顶板破断的风险。如图 5.7 所示，巷帮约束的弱化使顶板的固支位置由 a 和 b 分别移至 a' 和 b'，即巷道顶板跨度由 L_0 增大至 L_1，岩梁 1 中部的最大弯矩也增至 $\frac{q_1 L_1^2}{24}$。其中，L_1 可由巷道围岩的极限平衡条件给出，即 $L_1 = L_0 \left[\dfrac{(p_0 + C \cdot \cot\beta_0)(1 - \sin\beta_0)}{p_i + C \cdot \cot\beta_0} \right]^{\frac{1 - \sin\beta_0}{2\sin\beta_0}}$，$p_0$ 为原岩应力；p_i 为巷道顶板的支护强度，巷道空顶区有 $p_i = 0$。考虑巷帮约束的弱化效应，若将巷道原跨度条件下的岩梁 1 视为简支结构的岩梁，其中部的最大弯矩为 $\frac{q_1 L_0^2}{8}$。令 $\frac{q_1 L_1^2}{24} = \frac{q_1 L_0^2}{8}$，得 $L_1 = \sqrt{3} L_0$，那么，在此条件下即可将巷道顶板岩梁用简支梁结构模型来等效代替。当 $L_1 > \sqrt{3} L_0$ 时，用简支梁计算所得最大弯矩偏于危险；当 $L_1 < \sqrt{3} L_0$ 时，用简支梁计算所得最大弯矩偏于安全。

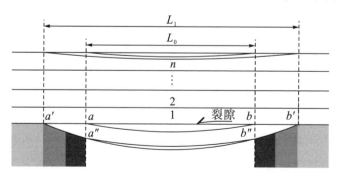

图 5.7 巷道顶板力学结构模型

以煤矿常见的砂岩、砂质页岩、页岩和煤为例来说明 $L_1:L_0$ 的大小，计算参数见表 5.1。由图 5.8 可知：在原岩应力越大、内聚力和内摩擦角越小的情况下，满足条件 $L_1=\sqrt{3}L_0$ 的可能性越大；煤和软岩巷道相对较容易满足上述条件，而硬岩在深部开采条件下才能满足。可见，在一定条件下将巷道顶板岩梁假定为两端铰接的简支梁结构是合理可行的。

表 5.1　煤矿中常见岩石的内聚力和内摩擦角

岩石种类	内聚力（MPa）	内摩擦角（°）
砂岩	7.8～39.2（23.5）	35～50（42.5）
砂质页岩	6.8	46
页岩	2.9～29.4（16.0）	20～35（27.5）
煤	1.0～9.8（5.4）	16～40（28）

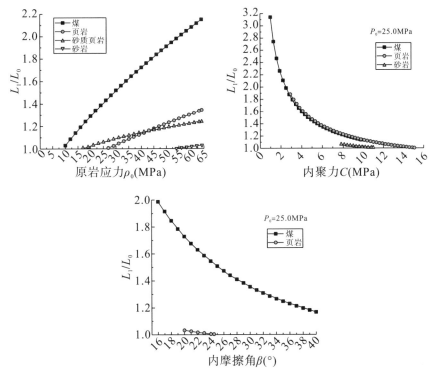

图 5.8　各因素对 $L_1:L_0$ 的影响

5.1.4　巷道顶板表面裂隙岩层的力学模型及受力转换

巷道前方煤（岩）体上承受的载荷处于一个动态变化过程，是处于三维应力条件下煤（岩）体在掘进空间出现后围岩中应力不断调整的结果。一般地，巷道顶板岩层要先后经历原岩应力、支承压力和低应力这一系列变载作用过程，而巷道顶板岩层处于低应力区是以顶板岩层破坏为代价的，即只有巷道顶板岩层失去承载能力（无法承受原岩应力或支承压力）才迫使高应力向巷道周边和前方煤（岩）体转移。因此，在不考虑巷道前方煤（岩）体塑性破坏的条件下，可认为巷道空顶区顶板岩层仍受支承压力的作用。结合 5.1.1 的分析，建立巷道顶板表面裂隙岩层的力学模型如图 5.9（a）所示，按叠加原理将其受力状态分解为垂直应力和水平应力，如图 5.9（b）（c）所示。值得注意的是，图中的 q 在巷道顶板变载过程中分别指代原岩应力、支承压力和低应力。

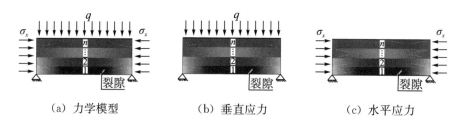

| （a）力学模型 | （b）垂直应力 | （c）水平应力 |

图 5.9　巷道顶板表面裂隙岩层的力学模型

下面讨论垂直应力 q 和由 q 所形成的重力载荷对岩层梁弯曲断裂的影响。如图 5.10 所示，由 q 所形成的重力 $Q = qL_s$，其作用位置位于巷道顶板跨度的中心，图 5.10（a）（b）的最大弯矩分别为 $M_q = \dfrac{qL_s^2}{8}$ 和 $M_Q = \dfrac{QL_s}{4}$。显然，

$M_Q = \dfrac{qL_s^2}{4} = 2M_q$，即岩层受重力载荷时的最大弯矩是受垂直应力时的 2 倍。为便于分析岩层各位置的弯矩，将垂直应力 q 和重力载荷 Q 在岩层所形成的弯矩简化为线性分布，如图 5.10（c）所示，两类载荷条件下岩层表面裂隙尖端处所产生的弯矩分别为 $M_q^c = \dfrac{\omega q L_s^2}{8}$ 和 $M_Q^c = \dfrac{\omega q L_s^2}{4}$，显然，$M_Q^c = 2M_q^c$，即岩层各处受重力载荷时的弯矩是受垂直应力时的 2 倍。综上，将垂直应力 q 等效为重力载荷 Q 时，仅是同时增大了岩层各处所承受的弯矩值，并不影响岩层发生断裂失稳的机理。

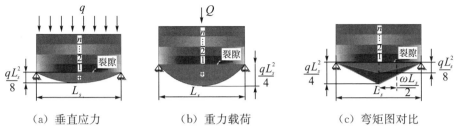

（a）垂直应力　　　　　（b）重力载荷　　　　　（c）弯矩图对比

图 5.10　巷道顶板受载模型的简化

巷道开挖后，在顶板产生初始变形至离层的过程中，假设表面裂隙并未扩展，或虽产生扩展但并未导致岩层断裂，则水平载荷对顶板所产生的弯曲作用与顶板上的载荷作用形式（即指垂直应力 q 和重力载荷 Q）无关。因此，将垂直应力 q 等效为重力载荷 Q 时，也并不影响判定巷道顶板表面裂隙岩层的断裂失稳机理。综上，巷道顶板表面裂隙岩层受力状态可进一步转换成图 5.11（a），按叠加原理可等效为图 5.11（b）（c）的叠加，即巷道顶板表面裂隙岩层受力状态可等效为重力载荷和水平应力的叠加。对复合岩层，若有 n 层岩层协同变形，重力载荷 Q 是由顶板岩层上覆第 $n+1$ 层及以上岩层的重力组成。对单一岩层，重力载荷 Q 是由顶板岩层上覆第 2 层及以上岩层的重力组成。

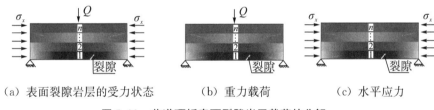

（a）表面裂隙岩层的受力状态　　　（b）重力载荷　　　　　（c）水平应力

图 5.11　巷道顶板表面裂隙岩层载荷的分解

煤矿巷道顶板多为复合岩层，受开挖后非协同变形的影响，复合岩层可能转变为多层单一岩层，也可能形成多组相对较薄的复合岩层，因此，复合岩层可能产生各单一岩层的逐层断裂而致复合岩层完全断裂，也可能产生多组复合岩层的逐组断裂而致复合岩层完全断裂。下面以简支梁结构模型分别对表面裂隙单一岩层和表面裂隙复合岩层的断裂（失稳）机理进行讨论。

5.2 表面裂隙单一岩层的断裂机理

5.2.1 重力作用下表面裂隙岩层的断裂

重力作用下表面裂隙岩层不一定沿裂隙尖端扩展（断裂），也可能从岩层中部拉伸断裂，这与裂隙的位置、贯通率和倾角等几何参数密切相关。无论是哪一种断裂，都与岩层受载荷作用而产生的内力（应力）状态和水平有关。按照断裂力学和材料力学可将岩层的断裂分为以下三种情况：①沿裂尖扩展（断裂）。当裂隙尖端的应力强度因子大于岩层的断裂韧度时，岩层沿裂尖扩展（断裂）。②从岩层中部断裂。当岩层中部所受拉应力达到岩层的抗拉强度时，岩层因中部受拉而断裂。③复合型断裂。岩层若同时满足①和②两种条件，则沿裂尖扩展（断裂）和岩层中部断裂同时发生。应当指出，上述三种情况是表面裂隙岩层的初始破坏模式，若初始破坏后表面裂隙岩层完全断裂，则表面裂隙岩层产生上述三种类型中的某种断裂；若初始破坏后表面裂隙岩层并未完全断裂，则其可能产生上述三种类型中的复合型断裂，也可能产生上述三种类型中的某种断裂，这决定于当时的应力状态及裂隙（纹）扩展情况等因素。

（1）沿裂隙尖端扩展（断裂）。

以图 5.11（b）中的第 1 岩层为研究对象，建立表面裂隙岩层力学模型如图 5.12 所示。由前面分析可知巷道空顶区顶板仍承受支承压力的作用，得支承压力 $\sigma_z = k\gamma_z H_z$，则顶板岩层上的重力载荷 $Q = k\gamma_z H_z L_s$。其中，γ_z 为上覆岩层的平均体积力；H_z 为巷道顶板的埋深；k 为应力集中系数，一般为 2~3。用 Q 替换式（3.60）中的 P，得岩梁表面裂隙的应力强度因子为：

$$
\begin{cases}
K_{\mathrm{I}}^{b} = k\gamma_z H_z L_s \left(Y_{\mathrm{I}} \dfrac{S}{4BW^{3/2}} \cos^{3/2}\theta - Y_{\mathrm{II}} \dfrac{1}{B\sqrt{W}} \sin\theta \sqrt{\cos\theta} \right) \\[2ex]
K_{\mathrm{II}}^{b} = k\gamma_z H_z L_s \left(Y_{\mathrm{I}} \dfrac{S}{4BW^{3/2}} \sin\theta \sqrt{\cos\theta} + Y_{\mathrm{II}} \dfrac{1}{B\sqrt{W}} \cos^{3/2}\theta \right)
\end{cases}
\tag{5.1}
$$

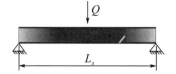

图 5.12　重力作用荷下表面裂隙岩层力学模型

若巷道顶板悬露后并未立即产生破断，将作用于巷道顶板第 1 岩层上的载荷 q_1L_1 替换上式中的 $k\gamma_zH_zL_s$，即可得此条件下岩层表面裂隙的应力强度因子，其中，$L_1 = L_s$，q_1 为上覆岩层施加于巷道顶板第 1 岩层的载荷。

当裂隙面受拉时，满足 $K_I^b = K_{Ic}$，裂隙产生张拉扩展。当裂隙受压时，满足 $K_{II}^b = K_{IIc}$，裂隙产生剪切扩展。若第 1 岩层已经离层，由 $q_1 = 0$ 得出 $K_I^b = K_{II}^b = 0$，表面裂隙岩层不沿裂隙扩展，此时产生由水平应力作用而引起的破坏。

（2）沿岩层中部断裂。

由材料力学可知，重力载荷下岩层内的拉应力为：

$$\sigma_t^z = \frac{My}{I} \tag{5.2}$$

式中，M 为岩层横断面位置处所承受的弯矩，其中部位置的弯矩 $M = QL_s^2/4$；I 为岩层横截面惯性矩，$I = \dfrac{h^3}{12}$。

据最大拉应力理论，$y = \dfrac{h}{2}$ 时岩层中部下表面承受最大拉应力，即 $(\sigma_t^z)_{max} = \dfrac{3QL_s}{2h^2}$。若满足条件 $(\sigma_t^z)_{max} \geqslant \sigma_t$（$\sigma_t$ 为岩层的抗拉强度），岩层将沿中部断裂，即：

$$\frac{3QL_s}{2h^2} \geqslant \sigma_t \tag{5.3}$$

（3）复合型断裂。

岩层若同时满足式（5.1）和式（5.3），则岩层可能同时从裂隙尖端断裂和岩层中部断裂。因此，此种情况下的岩层将被多条裂纹切割成形状各异和尺度不同的块体。

由上述理论及第 4 章试验分析知，表面裂隙不仅会影响单一岩层的断裂机制，而且可能影响岩层的力学性能（强度和变形），显然，这与表面裂隙的几何特征及其在岩层的位置密切相关。下文将讨论表面裂隙对岩层的断裂机制的影响特征。

5.2.2　水平应力作用下表面裂隙岩层的失稳与断裂

由原岩应力的分布规律可知，水平应力以压应力为主，因此，水平应力作用下岩层主要产生屈曲失稳或压裂破坏。若不考虑岩层本身的力学特性，水平应力作用下巷道顶板岩层的破坏形式与其厚跨比有关。当厚跨比较小时，巷道顶板岩层发生屈曲失稳；反之，则产生压裂破坏。当然，这两种破坏也是表面裂隙岩层的初始破坏形式，其后续破坏形式和条件由应力状态及裂隙扩展情况等因素控制。

由于水平应力的影响因素复杂，目前仍然不具备理论计算的可能，只能实测得出。本书以水平应力与自重应力的倍数关系（即侧压系数 λ_z）来衡量水平应力的大小，即巷道顶板岩层所受的水平应力 $\sigma_x = \lambda_z \sigma_z = \lambda_z \gamma_z H_z$。与第3章中裂隙岩体的加载方向对比，易得 $\lambda_z = \dfrac{1}{\lambda}$，据此得水平应力为 $\sigma_x = \dfrac{\gamma_z H_z}{\lambda}$。

5.2.2.1 表面裂隙岩层的屈曲失稳

水平应力作用下表面裂隙岩层的力学模型如图 5.13（a）所示。由材料力学易知，不考虑表面裂隙条件下的完整岩梁屈曲失稳的临界压力为：

$$F_{cr} = \frac{\pi^2 EI}{(\varepsilon L_s)^2} \tag{5.4}$$

式中，F_{cr} 为保持岩梁微小弯曲的临界压力；E 为岩梁的弹性模量；ε 为长度系数，与约束条件有关，本书按两端铰支结构取 $\varepsilon = 1$。

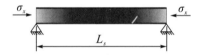

（a）水平应力作用下表面裂隙岩梁的力学模型

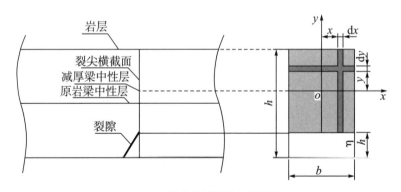

（b）表面裂隙岩梁惯性矩计算图

图 5.13 表面裂隙岩梁的力学模型及其惯性矩计算图

根据王崇昌所提出的弹性核准则，弹塑性稳定的临界力取决于杆件截面弹性域的抗弯刚度 EI 及杆件曲率对变形的变化率，弹塑性杆的截面惯性矩应取最危险截面的惯性矩。简支结构的表面裂隙岩层可在任意纵平面内产生弯曲变形，表面裂隙岩层的微小弯曲变形一定发生于抗弯能力最小的纵平面内，因此，表面裂隙岩层的最危险截面的惯性矩在裂尖所在横截面。假设表面裂隙岩层在屈曲失稳前不发生断裂，那么，这种岩层在局部区域的厚度由 h 减小为 $h(1-\eta)$，导致岩层在局部区域横截面的结构参数和中性层的变化。对具有各向同性的同一岩层，抗弯刚度（EI）就由横截面的惯性矩（I）决定，可见，裂隙尖端所在位置岩层的惯性矩成为衡量其抗弯能力的关键。因此，建立如图 5.13（b）所示的表面裂隙岩梁惯性矩计算图。

表面裂隙岩层对 x 轴的惯性矩为：

$$I_x = \int_{-\frac{h}{2}(1-\eta)}^{\frac{h}{2}(1-\eta)} by^2 \mathrm{d}y = (1-\eta)^3 \frac{bh^3}{12} = \frac{\bar{\omega}bh^3}{12} = \bar{\omega}I \tag{5.5}$$

可见，表面裂隙岩层的惯性矩为完整岩层的 $\bar{\omega}$ 倍。当岩层无表面裂隙（即 $\eta=0$）时，$I_x = I$；当岩层被裂隙完全分割为两段（$\eta=1$）时，$I_x = 0$。

由第 2 章可知 $\eta = \dfrac{l\cos\theta}{h}$，则 $\bar{\omega} = \left(1 - \dfrac{l\cos\theta}{h}\right)^3$。$0 \leqslant \bar{\omega} \leqslant 1$ 说明表面裂隙不仅弱化了岩层的横截面惯性矩，也降低了岩层的承载能力和稳定性，本书将表征这一性质的几何参量 $\bar{\omega}$ 称为弱化系数。显然，表面裂隙对岩层的弱化程度随弱化系数的减小而增强。由图 5.14 知：①除完整岩层弱化系数恒为 1 外，其余条件下的弱化系数随裂隙倾角的增大而增大。② $\dfrac{l}{h}=1$ 时，在裂隙倾角为 0°的条件下弱化系数为 0。③随着裂隙倾角逐渐增大，弱化系数逐渐趋近于 1。当表面裂隙倾角为 90°时（即岩层不存在表面裂隙），弱化系数等于 1，即岩层为完整岩层。

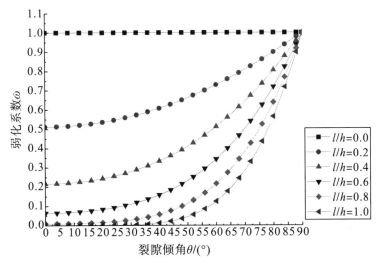

图 5.14 弱化系数的影响曲线

结合 5.2.1 及前述分析，表面裂隙不仅弱化了岩层的几何结构和力学性能，也可能影响岩层的断裂机制，这些力学结果均因表面裂隙减小了岩层在局部区域的几何厚度。因此，本书将这种因表面裂隙的存在而降低了力学性能且影响了断裂形式的表面裂隙岩层称为"减厚层"，若将表面裂隙岩层视为梁结构，则称"减厚层"为"减厚梁"。应该指出，上述关于"减厚层"和"减厚梁"的定义同样适用于含表面裂隙的复合岩层（可称为表面裂隙复合岩层），并将其定义为"减厚复合层"和"减厚复合梁"。

取岩层深度方向为单位长度，即将 $b=1$ 代入上式，再代入式（5.5）得"减厚梁"屈曲失稳的临界压力为：

$$F_{cr}^c = (1-\eta)^3 F_{cr} = \bar{\omega} F_{cr} \tag{5.6}$$

显然，作用在"减厚梁"横截面上的应力临界值为：

$$\sigma_{cr}^m = \frac{F_{cr}^c}{h} = \frac{\pi^2 E \bar{\omega}}{12\varepsilon^2} \xi^2 \tag{5.7}$$

式中，$\xi = \dfrac{h}{L_s}$，为"减厚梁"的厚度与跨度之比，简称厚跨比。

当"减厚梁"所受压力等于"减厚梁"保持微小弯曲的临界压力，即 $\sigma_x = \sigma_{cr}$ 时，"减厚梁"将产生屈曲失稳，其判定条件为：

$$\xi_c = \sqrt{\frac{12\varepsilon^2 \lambda_z \gamma_z H_z}{\pi^2 E \bar{\omega}}} \tag{5.8}$$

式中，ξ_c 为"减厚梁"产生屈曲失稳的极限厚跨比，简称极限厚跨比。

上式可用于判定"减厚梁"是否产生屈曲失稳。在岩层厚度一定的条件下，当 $\xi \leq \xi_c$ 时，"减厚梁"发生屈曲失稳；当 $\xi > \xi_c$ 时，"减厚梁"保持稳定状态。值得注意的是，上式是基于欧拉公式推导出来的，所以厚跨比还应满足欧拉公式的极限细长比要求，关于欧拉公式的极限细长比见后文分析。

图 5.15 为煤矿中常见的煤（岩）体的极限厚跨比 ξ_c 变化规律。计算条件：巷道上覆岩层平均体积力取 27kN/m^3，其余参数见表 5.2。由图可知：①ξ_c 随巷道埋深的增大而增大，且与弹性模量呈负相关。②ξ_c 随贯通率的增大而增大，当贯通率较大时，ξ_c 快速增大；当贯通率较小时，ξ_c 保持微小增长。③ξ_c 随裂隙倾角的增大而减小（除 $l/h=0$ 外）。在 $l/h=1$ 的条件下，$0°$ 倾角裂隙的 ξ_c 可趋于无限大，即不考虑其他条件时岩梁必将产生失稳。在 $l/h=0$（即完整岩梁）的条件下，ξ_c 为恒值。

表 5.2　煤矿中常见煤（岩）体的变形参数

岩石种类	砂岩	砂质页岩	泥质页岩	煤 1	煤 2
弹性模量/GPa	36.7	35.6	24.5	19.6	9.8

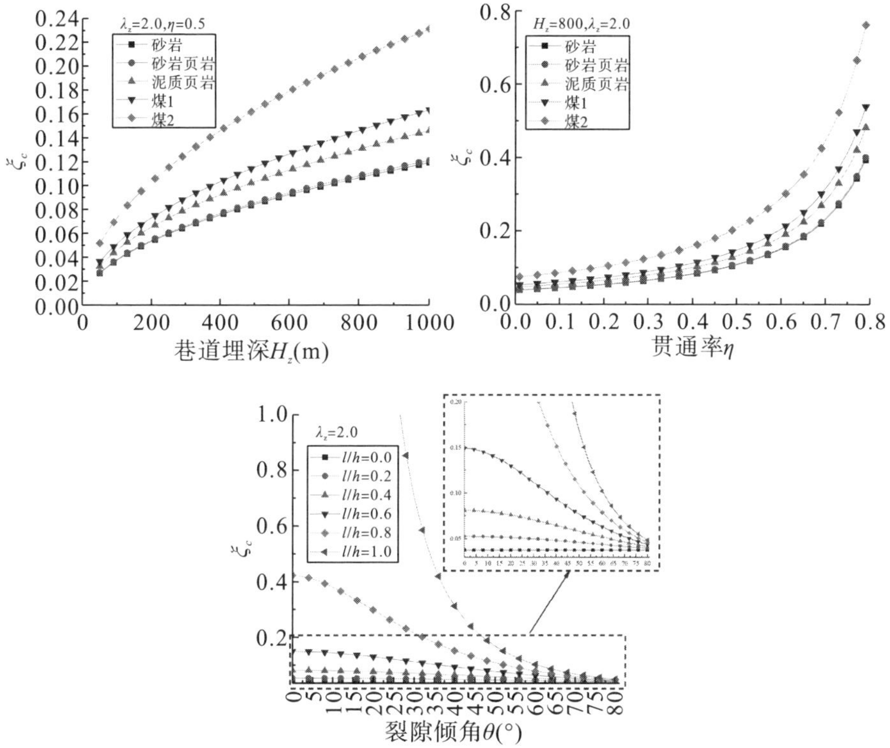

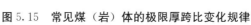

图 5.15　常见煤（岩）体的极限厚跨比变化规律

5.2.2.2　"减厚梁"沿裂尖压剪扩展（断裂）

前面从"压杆失稳"角度出发提出"减厚梁"屈曲失稳的判定条件，考虑"减厚梁"屈曲失稳是由表面裂隙减小岩梁横截面的惯性矩所致，也指明了表面裂隙尖端所在位置是屈曲失稳的关键。但该判定条件忽略了"减厚梁"可能在屈曲失稳前就已经产生压裂破坏或从裂尖扩展（断裂）的可能性。裂隙的存在会降低岩体的抗压强度，因而"减厚梁"的抗压强度小于完整岩梁，这说明在达到抗压强度之前"减厚梁"也可能发生破裂。从断裂力学角度出发，在水平应力作用下满足 $K_{II} = K_{IIc}$，则裂隙产生扩展（断裂）。用 σ_x 来替换式（3.3）和式（3.10）中的 σ_1，并注意到 $\lambda = \dfrac{1}{\lambda_z}$，得水平应力作用下表面裂隙应力强度因子为：

$$\begin{cases} K_{\mathrm{I}}^c = Y_{\mathrm{I}}\lambda_z\gamma_z H_z \sqrt{\pi l} \\ K_{\mathrm{II}}^c = \begin{cases} 0, |\tau_n| < \mu|\sigma_n| \\ F\gamma_z H_z [(\lambda_z - 1)\sin\theta\cos\theta - \mu(\lambda_z\cos^2\theta + \sin^2\theta)]\sqrt{\pi l}, |\tau_n| \geqslant \mu|\sigma_n| \end{cases} \end{cases} \tag{5.9}$$

若水平应力为压应力（此时 $K_{\mathrm{I}}^c < 0$），满足 $K_{\mathrm{II}}^c = K_{\mathrm{II}c}$ 时裂隙产生剪切扩展断裂，K_{I} 为负值，裂隙受压，需考虑裂隙面摩擦效应的影响。若水平应力为拉应力（$K_{\mathrm{I}}^c > 0$），满足 $K_{\mathrm{I}}^c = K_{\mathrm{I}c}$ 时裂隙产生张拉扩展断裂，且 $K_{\mathrm{II}}^c = 0$，裂隙受拉，无须考虑裂隙面的摩擦效应，而应考虑自由边对 K_{I}^c 的影响。水平应力多以压为主，故应考虑摩擦效应。

另外，当岩层所受水平应力等于裂隙扩展的临界应力即 $\sigma_x = \sigma_{cr}^b$（σ_{cr}^b 为裂隙扩展的临界应力）时，"减厚梁"将沿裂隙尖端剪切扩展（断裂）。据此得"减厚梁"压剪扩展的条件为：

$$\lambda_z\gamma_z H_z = \begin{cases} \dfrac{2K_{\mathrm{II}c}}{\cos\dfrac{\varphi_{c1}}{2}\sqrt{\pi l}[F_{\mathrm{I}}^c\sin\varphi_{c1} + F_{\mathrm{II}}^c(3\cos\varphi_{c1} - 1)]} \\ \dfrac{2\alpha_c\tau_c}{\cos\dfrac{\varphi_{c1}}{2}[F_{\mathrm{I}}^c\sin\varphi_{c1} + F_{\mathrm{II}}^c(3\cos\varphi_{c1} - 1)]} \end{cases} \tag{5.10}$$

5.2.2.3　水平应力作用下"减厚梁"破断方式的判定

前面给出了"减厚梁"屈曲失稳和沿裂隙尖端扩展的临界应力，这两者的大小关系决定"减厚梁"以什么方式发生初始失稳或破断。一般来说，厚岩梁产生压剪扩展断裂或压裂破坏（压裂破坏的临界应力大于压剪扩展断裂的临界应力，可能在倾角为 0°时两者相当，所以，一般主要产生沿裂隙尖端的压剪扩展断裂）；薄岩梁可能产生屈曲失稳、沿裂隙尖端扩展断裂或两者同时发生，此处主要讨论薄"减厚梁"的破断方式。当 $\sigma_{cr}^m > \sigma_{cr}^b$ 时，"减厚梁"首先发生沿裂隙尖端扩展；当 $\sigma_{cr}^m < \sigma_{cr}^b$ 时，"减厚梁"首先发生屈曲失稳；当 $\sigma_{cr}^m = \sigma_{cr}^b$ 时，"减厚梁"同时发生屈曲失稳和沿裂隙尖端扩展。令"减厚梁"屈曲失稳和压裂破坏所需的临界应力相等，即有 $\sigma_{cr}^m = \sigma_{cr}^b$，得：

$$\frac{\pi^2 E\bar{\omega}\xi^2}{12\varepsilon^2} = \frac{2K_{\mathrm{II}c}}{\cos\dfrac{\varphi_{c1}}{2}\sqrt{\pi l}[F_{\mathrm{I}}^c\sin\varphi_{c1} + F_{\mathrm{II}}^c(3\cos\varphi_{c1} - 1)]} \tag{5.11}$$

进一步整理为：

$$\xi_{cf} = \frac{2\varepsilon}{\pi^{1.25}} \sqrt{\frac{6K_{\mathrm{II}c}}{E\cos\frac{\varphi_{c1}}{2}\sqrt{l}\,\bar{\omega}\left[F_{\mathrm{I}}^c\sin\varphi_{c1} + F_{\mathrm{II}}^c(3\cos\varphi_{c1} - 1)\right]}} \tag{5.12}$$

式中，ξ_{cf} 为判定"减厚梁"沿裂隙尖端扩展还是屈曲失稳的临界厚跨比，简称临界厚跨比。

当 $\xi > \xi_{cf}$ 时，"减厚梁"首先产生沿裂隙尖端扩展；当 $\xi = \xi_{cf}$ 时，"减厚梁"同时产生沿裂隙尖端扩展和屈曲失稳；当 $\xi < \xi_{cf}$ 时，"减厚梁"首先产生屈曲失稳。

临界厚跨比与剪切断裂韧度、弹性模量、摩擦系数和弱化系数等因素有关。弱化系数由裂隙贯通率决定，贯通率与岩层厚度密切相关，因此，确定岩层厚度成为计算临界厚跨比的关键。也就是说，应用式（5.12）时需首先确定岩层厚度，通过岩层厚度和临界厚跨比可推算出巷道的临界宽度。若巷道宽度等于临界宽度，巷道顶板岩梁同时产生屈曲失稳和沿裂隙尖端扩展；若巷道宽度小于临界宽度，巷道顶板岩梁产生沿裂隙尖端扩展；若巷道宽度大于临界宽度，巷道顶板岩梁产生屈曲失稳。巷道顶板表面裂隙岩梁失稳形式的临界厚跨比判定方法和临界宽度判定方法是一致的，只是表述形式不同。

图 5.16 为各因素对 ξ_{cf} 的影响曲线（计算参数见表 5.4），通过分析可知：①当侧压系数 λ_z 为 0.5、1.0 和 2.0 时，ξ_{cf} 随裂隙倾角的增大而减小，曲线类似于"滑梯"状；当 λ_z 为 4.0、6.0 和 8.0 时，ξ_{cf} 随裂隙倾角的增大呈先减小后增大的变化规律，曲线类似于"勺"状。②当裂隙倾角为 0° 时，ξ_{cf} 为一恒值；当裂隙倾角为 15° 和 30° 时，ξ_{cf} 随 λ_z 的增大而增大，但当 λ_z 大于 1 后，ξ_{cf} 增长微弱。当裂隙倾角大于 45° 时，ξ_{cf} 随 λ_z 的增大呈先增大后减小的变化规律。③ξ_{cf} 随贯通率的增大呈先减小后增大的变化规律，但减幅远小于增幅；当贯通率趋于 1 时，ξ_{cf} 可趋于无穷大，说明完全贯通裂隙条件下，裂隙岩层必定失稳。④ξ_{cf} 随摩擦系数的增大呈"单一台阶"式增长规律；当摩擦系数达到某一值（称为临界摩擦系数）时，ξ_{cf} 基本保持不变。当裂隙倾角为 15°、30°、45°、60° 和 75° 时，所对应的临界摩擦系数分别为 0.15、0.25、0.30、0.35 和 0.25。当裂隙倾角为 0° 时，ξ_{cf} 与摩擦系数无关。

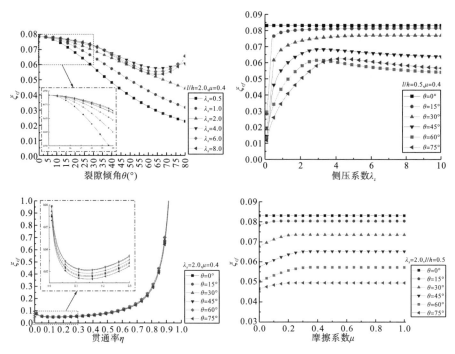

图 5.16 各因素对 ξ_{cf} 的影响曲线

单轴压缩条件下，岩体表面裂隙扩展的载荷小于岩体的抗压强度，由式（5.11)计算所得载荷一般小于岩体抗压强度。也就是说，在岩体被压裂破坏之前可能已产生沿裂隙尖端扩展而破坏。设岩体的抗压强度和沿裂隙尖端断裂的强度相差不大时，可用岩体的抗压强度来判定岩层是否产生屈曲破坏，令 $\dfrac{\pi^2 E \bar{\omega} \xi^2}{12\varepsilon^2} = \sigma_c$，则 $\xi = \dfrac{2\varepsilon}{\pi}\sqrt{\dfrac{3\sigma_c}{E\bar{\omega}}}$，此即为以岩体抗压强度为判定标准的岩层屈曲破坏的临界厚跨比。表 5.3 列出了不同贯通率条件下"减厚梁"产生屈曲破坏的临界厚跨比，其中，弹性模量为 9633.76MPa，抗压强度为 39.4MPa。

表 5.3 "减厚梁"产生屈曲破坏的临界厚跨比

名称	裂隙贯通率								
	0.1	0.2	0.3	0.4	0.5	0.6	0.7	0.8	0.9
临界厚跨比	0.083	0.099	0.120	0.152	0.199	0.279	0.429	0.788	2.230

前已述及，"减厚梁"屈曲破坏不仅与其临界压力有关，而且还应满足欧拉公式的细长比条件。由临界细长比公式 $\lambda_1 = \sqrt{\dfrac{\pi^2 E}{\sigma_c}}$ 可得临界细长比为 49.1，

则满足欧拉公式的临界厚跨比为 0.02，小于此值应用欧拉公式来判定"减厚梁"屈曲失稳才是可靠的。可见，欧拉公式适用于判定薄岩层的屈曲破坏。

5.2.3　复合载荷作用下"减厚梁"的断裂

复合载荷（重力载荷和水平应力的叠加）条件下"减厚梁"可能产生弯曲断裂、压剪断裂和屈曲失稳（破坏）三种基本类型，但其并不是孤立发生的。载荷形式及大小的叠加和变化影响"减厚梁"破坏类型的叠加和转换，其关系如图 5.17 所示。屈曲失稳（破坏）和弯曲（张拉）断裂用极限厚跨比 ξ_c 和最大拉应力准则来判定其属性，压剪断裂和弯曲（张拉）断裂用 K 准则来判定其属性，压剪断裂和屈曲失稳（破坏）用临界厚跨比 ξ_{cf} 来判定其属性。根据破坏属性，将与沿裂隙尖端扩展断裂密切相关的弯曲（张拉）断裂和压剪断裂归为一类来讨论。

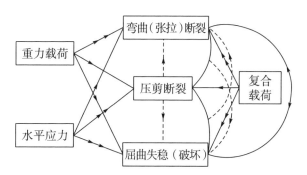

图 5.17　载荷形式与破坏类型的关系

从断裂力学角度出发，"减厚梁"可能产生由弯曲而引起的张拉扩展（即弯曲断裂）或由压缩而引起的剪切扩展（即压剪断裂）。若岩梁刚度较小，在水平应力作用下弯曲变形较大，表面裂隙处于张开状态，当裂尖的 I 型应力强度因子大于等于 I 型断裂韧度时，裂隙产生张拉断裂。若岩梁刚度较大，在水平应力作用下弯曲变形微小，重力产生的弯曲变形可忽略，表面裂隙可能在裂隙尖端闭合而在尾端微张，当满足 $K_{\mathrm{II}} = K_{\mathrm{IIc}}$ 时，裂隙产生剪切扩展（断裂）。当然，若水平应力的轴向压缩并未导致"减厚梁"破坏，随着重力的增大，会引起表面裂隙由剪切扩展模式转变为张拉扩展模式。显然，"减厚梁"更易发生张拉断裂。

巷道顶板岩层的弯曲程度与岩性和岩层厚度有关。厚岩层在复合载荷作用下产生的弯曲程度远小于薄岩层，其破坏形式类似于岩体的轴向压缩破坏，岩层上的表面裂隙也处于闭合状态。薄岩层在复合载荷作用下产生弯曲（张拉）断裂或屈曲失稳，岩层上的表面裂隙处于张开状态。然而，无论是厚岩层还是薄岩层，其破坏形式还取决于裂隙的几何参数和岩层横截面的结构参数（如惯性矩、中性层等）。

5.2.3.1 复合载荷作用下"减厚梁"沿裂隙尖端断裂（弯曲断裂、压剪断裂）

采用叠加原理求解复合载荷作用下裂隙尖端应力强度因子，复合载荷作用下岩层表面裂隙的应力强度因子为：

$$\begin{cases} K_{\mathrm{I}}^{com} = K_{\mathrm{I}}^{b} + K_{\mathrm{I}}^{c} \\ K_{\mathrm{II}}^{com} = K_{\mathrm{II}}^{b} + K_{\mathrm{II}}^{c} \end{cases} \tag{5.13}$$

式中，K_{I}^{com} 和 K_{II}^{com} 分别是复合载荷作用下的 I 型和 II 型裂纹应力强度因子；其余同前。

若"减厚梁"抗弯刚度很小（或其自重和载荷相对较大），此时若满足 $K_{\mathrm{I}}^{com}=K_{\mathrm{I}c}$，则"减厚梁"首先沿裂隙尖端产生张拉扩展。若"减厚梁"抗弯刚度很大（或其自重和载荷相对较小），由其引起岩层的弯曲可以忽略不计，此时若满足 $K_{\mathrm{II}}^{com}=K_{\mathrm{II}c}$，则"减厚梁"首先沿裂隙尖端产生剪切扩展。上述给出仅是"减厚梁"沿裂尖初始扩展方式，后续扩展方式与裂纹扩展情况和"减厚梁"的抗弯刚度等因素有关。

由前文可知，K_{I}^{com} 和 K_{II}^{com} 与其载荷形式及大小有密切关系。下面我们来分析 K_{I}^{com} 和 K_{II}^{com} 与裂隙状态之间的关系。当裂隙闭合时，K_{I}^{c} 与 K_{I}^{b} 的方向相反，K_{II}^{c} 与 K_{II}^{b} 的方向也相反，所以 K_{I}^{com} 和 K_{II}^{com} 均会减小，因此，裂隙产生张拉扩展和剪切扩展的难度均提升。一般而言，裂隙的 I 型断裂韧度小于 II 型断裂韧度，裂隙产生张拉扩展相对容易。当裂隙张开时，K_{I}^{c} 与 K_{I}^{b} 的方向相同，K_{II}^{c} 与 K_{II}^{b} 的方向仍然相反，所以 K_{I}^{com} 会增大，而 K_{II}^{com} 会减小，因此，裂隙更易于产生张拉扩展。当裂隙张开时，水平应力作用下的应力强度因子 K_{I}^{b} 和 K_{II}^{b} 无须考虑摩擦系数，且本书所采用的几何形状因子计算式已不再适用，此时应采用式（5.26）来判定"减厚梁"的断裂（失稳）形式。

5.2.3.2 复合载荷作用下"减厚梁"屈曲破坏

巷道开挖后，顶板岩层在自重与水平应力作用下产生弯曲变形，由于水平应力所产生的弯矩作用将促使岩层弯曲，进一步加剧了由自重所形成的弯曲（也就是在自重或载荷所形成弯矩的基础上有一个弯矩增量），岩层继续变形后，水平应力必将引起新的弯矩增量，若水平应力足够大，如此循环势必导致岩层产生屈曲破坏。为揭示上述过程的力学本质，建立纵横复合载荷作用下"减厚梁"力学模型，如图 5.18 所示。

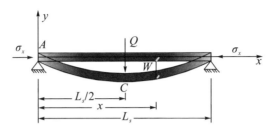

图 5.18 纵横复合载荷作用下"减厚梁"力学模型

纵横弯曲中完整岩层的弯矩为：

$$M = \frac{EI_z Qt \sin(tL_s/2)}{P \sin(tL_s)} \sin t(L_s - x) \tag{5.14}$$

纵横弯曲中完整岩梁的最大弯矩在其中部，即 $x = L_s/2$ 处，代入得：

$$M_{\max} = \frac{EI_z Qt}{2P} \tan \frac{tL_s}{2} \tag{5.15}$$

式中，P 为作用于"减厚梁"轴向的力，简称轴力。

那么，完整岩层的最大应力为：

$$\sigma_{\max} = \frac{P}{A} + \frac{M_{\max}}{W} \tag{5.16}$$

显然，纵横弯曲中完整岩层的最大应力由轴力所产生的应力与重力所产生的应力叠加而成。轴力所产生的应力为：

$$\frac{P}{A} = \frac{\sigma_x hb}{hb} = \sigma_x \tag{5.17}$$

重力所产生的应力为：

$$\frac{M_{\max}}{W} = \frac{\dfrac{EI_z Qt}{2P} \tan \dfrac{tL_s}{2}}{\dfrac{I_z}{h/2}} = \frac{EQt}{4\sigma_x} \tan \frac{tL_s}{2} \tag{5.18}$$

式中，$t = \sqrt{\dfrac{P}{EI_z}} = \sqrt{\dfrac{12\sigma_x}{Eh^2}}$。

则完整岩层的最大应力为：

$$\sigma_{\max}^i = \sigma_x + \frac{EQ}{2\sigma_x h} \sqrt{\frac{3\sigma_x}{E}} \tan\left(\frac{L_s}{h} \sqrt{\frac{3\sigma_x}{E}}\right) \tag{5.19}$$

令 $u = \dfrac{tL_s}{2} = \dfrac{L_s}{h}\sqrt{\dfrac{3\sigma_x}{E}}$，上式可写为：

$$\sigma_{\max}^i = \sigma_x + \frac{3L_sQ}{2h^2}\cdot\frac{\tan u}{u} \tag{5.20}$$

式中，等号右边第二项的第二个因子代表完整岩层时轴力对弯矩所产生应力的影响。若 P 接近临界值 $\dfrac{\pi^2 EI}{L_s^2}$，则 u 趋近于 $\dfrac{\pi}{2}$，式（5.20）中等号右边第二项的第二个因子趋于无穷大。说明，当 P 接近临界值 F_{cr} 时，无论横向载荷多小，岩层均将断裂或失稳。

受表面裂隙的影响，岩层可能在裂隙尖端处产生屈服，也可能从裂尖扩展断裂。因此，需要计算出裂隙尖端所处横截面的最大应力。首先来计算裂隙尖端岩层的弯矩，用 $\dfrac{L_s}{2}(1+\omega_s)$ 替换式（5.14）中的 x 得：

$$M_{cra} = \frac{EI_zQt\sin(tL_s/2)}{P\sin(tL_s)}\sin t\frac{L_s}{2}(1-\omega_s) \tag{5.21}$$

考虑到表面裂隙使岩层厚度由 h 减小为 $(1-\eta)h$，水平应力是作用在岩层完整截面上的，取岩层深度方向为单位厚度，再对式（5.17）和式（5.18）进行修正。

轴力 P 所产生的应力修正为：

$$\frac{P}{A} = \frac{\sigma_x h}{(1-\eta)h} = \frac{\sigma_x}{1-\eta} \tag{5.22}$$

t 修正为：

$$t = \sqrt{\frac{P}{EI_z'}} = \sqrt{\frac{\sigma_x h}{E\tilde{\omega}\frac{h^3}{12}}} = \sqrt{\frac{12\sigma_x}{E\tilde{\omega}h^2}} \tag{5.23}$$

重力所产生的应力修正为：

$$\frac{M_{cra}}{W} = \frac{EQ(1-2\eta)}{4P\cos\left(\frac{L_s}{h}\sqrt{\frac{3\sigma_x}{E\tilde{\omega}}}\right)}\sqrt{\frac{12\sigma_x}{E\tilde{\omega}}}\sin\left[\frac{L_s}{h}(1-\omega_s)\sqrt{\frac{3\sigma_x}{E\tilde{\omega}}}\right] \tag{5.24}$$

则"减厚梁"的最大应力为：

$$\sigma_{\max}^c = \frac{\sigma_x}{1-\eta} + \frac{EQ(1-2\eta)}{4P\cos\left(\frac{L_s}{h}\sqrt{\frac{3\sigma_x}{E\tilde{\omega}}}\right)}\sqrt{\frac{12\sigma_x}{E\tilde{\omega}}}\sin\left[\frac{L_s}{h}(1-\omega_s)\sqrt{\frac{3\sigma_x}{E\tilde{\omega}}}\right]$$

$$\tag{5.25}$$

用 $u' = \dfrac{L_s}{2}\sqrt{\dfrac{P}{EI_z'}} = \dfrac{L_s}{h}\sqrt{\dfrac{3\sigma_x}{\tilde{\omega}E}}$ 对上式进行简化，可得：

$$\sigma_{\max}^{c} = \frac{\sigma_x}{1-\eta} + \frac{3QL_s}{2h^2} \cdot \frac{(1-2\eta)\sin\left[(1-\omega_s)u'\right]}{\bar{\omega}u'\cos u'} \tag{5.26}$$

式中，等号右边第二项的第二个因子代表"减厚梁"轴力对弯矩所产生应力的影响。若轴力 P 接近临界值 $\bar{\omega}\dfrac{\pi^2 EI}{L_s^2}$，则 u' 趋近于 $\dfrac{\pi}{2}$，式（5.26）中等号右边第二项的第二个因子趋于无穷大。说明，当 P 接近临界值 F_{cr}^c 时，无论横向载荷多小，"减厚梁"均将断裂或失稳。

显然，令 $\eta = 0$，$\omega_s = 0$（即无裂隙岩层），式（5.26）与式（5.20）相同。不难看出，"减厚梁"屈曲破坏的首要位置由 $\sigma_{\max}^{i}$ 和 $\sigma_{\max}^{c}$ 的大小决定。若 $\sigma_{\max}^{i} > \sigma_t$，"减厚梁"首先在裂隙尖端屈服（断裂）；若 $\sigma_{\max}^{c} > \sigma_t$，"减厚梁"首先在岩层中部屈服（断裂）；若 $\sigma_{\max}^{i} = \sigma_{\max}^{c} > \sigma_t$，"减厚梁"同时产生中部屈服（断裂）和沿裂隙尖端屈服（断裂）。

5.2.4　"减厚梁"失稳的数值分析

现以本书试样参数为例，分析不同厚度下表面裂隙岩层的失稳形式。计算条件见表 5.4，"减厚梁"失稳参数计算结果见表 5.5。

表 5.4　裂隙参数与岩石断裂参数

裂隙倾角（°）	连通率	摩擦系数	弹性模量（MPa）	剪切断裂韧度（MPa·m^0.5）
45	0.3	0.4	9633.76	3.69

表 5.5　"减厚梁"失稳参数计算

名称	计算参量	岩层厚度（m）		
		1	0.5	0.1
$\lambda_z = 0.25$	临界值	0.023	0.027	0.041
	临界巷宽（m）	43.48	18.52	2.44
	计算用巷宽（m）	44	19	2.5
	理论临界压力（MN）	1.404	0.941	0.435
$\lambda_z = 2.0$	临界值	0.057	0.068	0.101
	临界巷宽（m）	17.54	7.35	0.99
	计算用巷宽（m）	18	8	1
	理论临界压力（MN）	8.388	5.308	2.718

名称	计算参量	岩层厚度（m）		
		1	0.5	0.1
符合工程实际计算	巷宽（m）	5	4	3
	厚跨比	0.2	0.125	0.03333
	临界压力（MN）	108.710	21.232	0.302
	临界应力（MPa）	108.710	42.464	3.020
	（λ_z=0.25）巷道埋深（m）	16105.2	6291.0	447.4
	（λ_z=2.0）巷道埋深（m）	2013.1	786.4	56.0

由表 5.5 知：①当岩层厚度为 1m 时，巷宽大于 43.48m 才能产生屈曲失稳，这在井下是不现实的。当巷宽为 5m，作用于岩层横截面上的应力为 108.71MPa 时，产生屈曲失稳，远大于其抗压强度 39.4MPa，说明巷道厚层顶板只能产生压裂破坏。按自重应力场所产生的侧压（λ_z=0.25）计算，巷道在埋深 16105.2m 时可能产生屈曲破坏；按构造应力场产生的侧压（λ_z=2）计算，巷道在埋深 2013.1m 时才能产生屈曲破坏。此条件下，表面裂隙岩层在巷宽范围内不易发生屈曲破坏。②当岩层厚度为 0.5m 时，巷宽大于 18.52m 才能产生屈曲失稳，这在井下也是不现实的。当巷宽为 4m，作用于岩层横截面上的应力为 42.464MPa 时，产生屈曲失稳，大于抗压强度 39.4MPa，说明此条件下巷道厚层顶板可能产生压裂破坏。按自重应力场所产生的侧压（λ_z=0.25）计算，巷道在埋深 6291.0m 时可能产生屈曲破坏；按构造应力场产生的侧压（λ_z=2）计算，巷道在埋深 786.4m 时才能产生屈曲破坏。③当岩层厚度为 0.1m 时，巷宽大于 2.43m 才能产生屈曲失稳，井下一般巷道的宽度均大于此宽度。当巷宽为 3m，作用于岩层横截面上的应力为 3.02MPa 时，产生屈曲失稳，远小于其抗压强度，说明巷道薄层顶板产生屈曲破坏。按自重应力场所产生的侧压（λ_z=0.25）计算，巷道在埋深 447.4m 时才能产生屈曲破坏；按构造应力场产生的侧压（λ_z=2）计算，巷道在埋深 56m 时就能产生屈曲破坏。

为了证实临界厚跨比对"减厚梁"失稳的影响规律，采用 Abaqus 数值模拟分析厚跨比分别为 0.02、0.0227 和 0.025 时"减厚梁"的失稳过程。数值模拟计算参数见表 5.6。"减厚梁"数值模型的边界和初始条件为：左端固定，右端施加屈曲失稳的临界力，在岩层中部施加集中载荷来模拟微小干扰。考虑到"减厚梁"厚跨比不同，其屈曲失稳的临界力不同，所以，不同厚跨比条件下施加不同大小的微小干扰力。同一厚跨比条件下所施加的微小干扰逐步增加，当干扰力较大时，可视为岩层的载荷。

表 5.6　岩层与裂隙计算参数

岩层跨度（m）	裂隙偏置系数	泊松比	抗拉强度（MPa）	断裂能（N·mm^{-1}）
4.0	0.25	0.2	2.66	0.12731

图 5.19 示出了在岩层中部分别施加 100N、1000N、10000N 和 100000N 的集中力作为干扰的条件下，厚跨比为 0.02 时"减厚梁"的屈曲失稳过程。在整个屈曲过程中，岩层右端施加 190.88kN 的压力。在 100N、1000N、10000N 和 100000N 的干扰力作用下，岩层中部所产生垂直方向的位移分别为 0.0042m、0.05768m、0.4283m 和 1.175m。由 STATUSXFEM 可判定裂隙并未扩展，仅是原有裂隙面张开。因此，厚跨比为 0.02 的"减厚梁"首先产生屈曲破坏，理论预测厚跨比小于 0.023 时即产生屈曲破坏，数值模拟结果与理论分析一致。

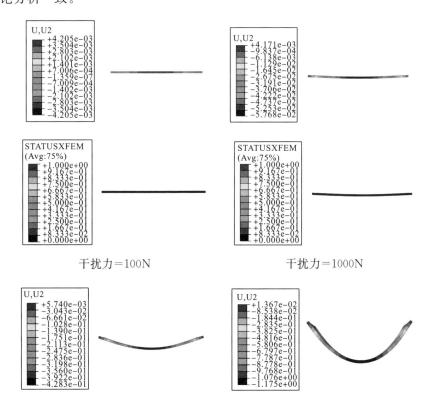

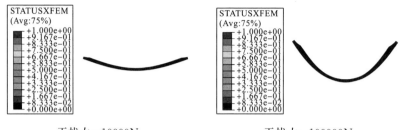

干扰力=10000N　　　　　　　　　干扰力=100000N

图 5.19　厚跨比为 0.02 的"减厚梁"屈曲失稳过程

图 5.20 示出了在岩层中部分别施加 100N、1000N、10000N 和 100000N 的集中力作为干扰的条件下，厚跨比为 0.0227 时"减厚梁"的屈曲失稳过程。在整个屈曲过程中，岩层右端施加 349kN 的压力。在 100N 的干扰力作用下，"减厚梁"只产生屈曲失稳，裂隙不扩展。在 1000N、10000N 和 100000N 的干扰力作用下，岩层中部分别下沉 0.03725m、0.01484m 和 0.01236m 时裂隙开始扩展；当下沉 0.03905m、0.02001m 和 0.01391m 时，岩层断裂。可见，当干扰力很小时，厚跨比为 0.0227 的"减厚梁"只产生屈曲失稳；反之则首先产生沿裂隙尖端扩展。由于数值模拟所采用的厚跨比 0.0227 与理论值 0.023 非常接近，"减厚梁"可能同时产生屈曲失稳和沿裂隙扩展断裂两种破坏形式，数值模拟结果与理论分析基本一致。

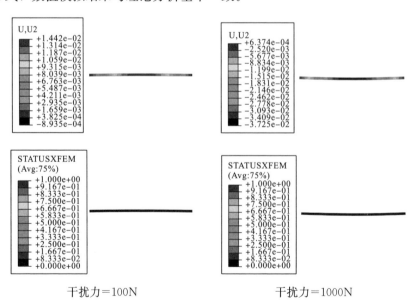

干扰力=100N　　　　　　　　　干扰力=1000N

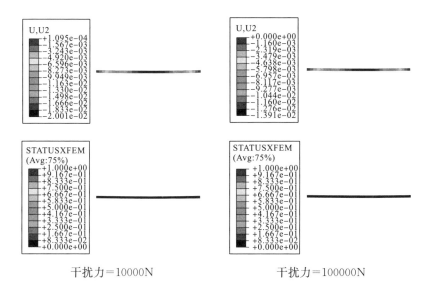

干扰力＝10000N　　　　　　　　干扰力＝100000N

图 5.20　厚跨比为 0.0227 的"减厚梁"屈曲失稳过程

　　图 5.21 示出了在岩层中部分别施加 100N、1000N、10000N 和 100000N 的集中力作为干扰的条件下，厚跨比为 0.025 时"减厚梁"的屈出失稳过程。在整个屈曲过程中，岩层右端施加 479.55kN 的压力。在 100N、1000N、10000N 和 100000N 的干扰力作用下，岩层中部分别下沉 0.0378m、0.03582m、0.01615m 和 0.008665m 时裂隙开始扩展；当下沉 0.06907m、0.3106m、0.2587m 和 0.01402m 时，岩层断裂。因此，厚跨比为 0.025 的"减厚梁"首先发生沿裂隙扩展，理论预测的厚跨比为 0.023，两者结果基本一致。

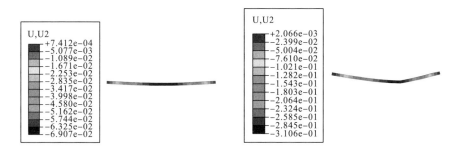

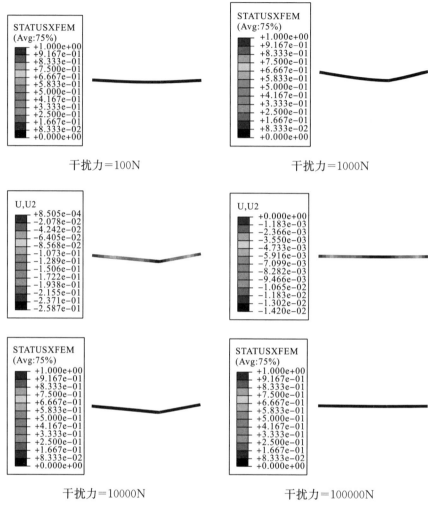

图 5.21　厚跨比为 0.025 的"减厚梁"屈曲失稳过程

5.3　表面裂隙复合岩层的断裂机理

5.3.1　表面裂隙复合岩层的层间错动及分离机理

受成岩环境的影响，煤系岩层的层理特征十分显著，而且层理界面胶结强度远小于岩层自身的强度。因此，层理往往决定了层状岩层巷道的破坏形式和次序，巷道开挖一般先产生离层。在无支护条件下，巷道复合顶板岩层的活动规律可分为层间错动、层间离层、逐层弯曲折断三个阶段，其中层间错动是由剪应力引起的，层间离层是由拉应力作用导致的，层间错动是复合顶板变形破坏的初始阶段。

5.3.1.1　表面裂隙复合岩层的层间错动及分离条件

从破坏机制上讲，无论是层间错动还是层间离层，均可认为是界面上的作用力超过界面强度而致。层间错动和层间离层分别是在剪应力和拉应力逐渐积累到一定程度而发生的突变过程。表面裂隙复合岩层的层间错动不仅要考虑界面胶结强度，还要考虑表面裂隙扩展方向及裂隙尖端对层间应力场的影响。根据 5.2.2 建立如图 5.22 所示"减厚复合梁"的裂纹扩展穿层力学模型，表面裂隙起始扩展后，裂隙尖端将不断发生变化，导致其扩展路径弯弯曲曲。按前文理论及试验分析可知，裂纹扩展的每一个微段可认为是直线段，裂纹的扩展路径也可视为由多个微段连接而成，每个微段的长度和方向随裂隙尖端位置而变化，但其总体方向是沿最大主应力平面扩展（此处一般为最大拉应力平面）。因此，假设在接近层理附近微段裂纹（即裂纹扩展的微段，也可能是裂纹穿层的最后一个微段，下同）以垂直于层理面的方向扩展，即忽略微段裂纹扩展方向与 y 轴（图 5.22）的夹角，将裂隙尖端附近应力场和远场水平应力场（σ_h）进行线性叠加，可得含层理面的微单元的应力场：

$$
\begin{cases}
\sigma_x^c = \sigma_\varphi - \sigma_h = \dfrac{1}{2\sqrt{2\pi r}}\cos\dfrac{\varphi}{2}\left[K_{\mathrm{I}}(1+\cos\varphi) - 3K_{\mathrm{II}}\sin\varphi\right] - \sigma_h \\[2mm]
\sigma_y^c = \sigma_r = \dfrac{1}{2\sqrt{2\pi r}}\left[K_{\mathrm{I}}(3-\cos\varphi)\cos\dfrac{\varphi}{2} + K_{\mathrm{II}}(3\cos\varphi - 1)\sin\dfrac{\varphi}{2}\right] \\[2mm]
\tau_{xy}^c = \tau_{r\varphi} = \dfrac{1}{2\sqrt{2\pi r}}\cos\dfrac{\varphi}{2}\left[K_{\mathrm{I}}\sin\varphi + K_{\mathrm{II}}(3\cos\varphi - 1)\right]
\end{cases}
$$

$$(5.27)$$

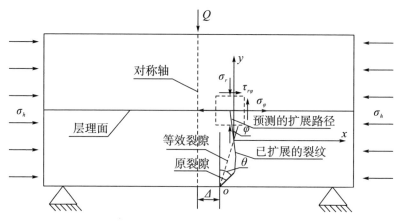

图 5.22 "减厚复合梁"的裂纹扩展穿层力学模型

式（5.27）中 K_{I} 和 K_{II} 由第 3 章中的应力强度因子计算式给出，对于复合载荷（应力）条件，可将其分解为成多种简单载荷（应力）状态，分别计算其应力强度因子，再进行应力强度因子的叠加，由此获得复合载荷（应力）条件下的应力强度因子。

根据 M—C 准则和 R—P 准则，裂纹扩展穿层但不发生跨层偏折（即裂纹仅穿层而不发生层间错动）应满足条件：

$$\begin{cases} \sigma_\varphi - \sigma_h = \sigma_t \\ \tau_{r\varphi} < C_b + \sigma_r \tan\beta_b \end{cases} \tag{5.28}$$

式中，C_b 为层理的黏结强度（胶结强度）；β_b 为层理面的内摩擦角。

裂纹扩展穿层同时发生跨层偏折应满足条件：

$$\begin{cases} \sigma_\varphi - \sigma_h = \sigma_t \\ \tau_{r\varphi} \geqslant C_b + \sigma_r \tan\beta_b \end{cases} \tag{5.29}$$

对重力载荷（$\sigma_h = 0$），裂纹易发生张拉扩展。若层间仅有摩擦力作用（即层间黏结强度 $C_b = 0$），式（5.29）与 R—P 准则完全一致，即表达了裂纹交叉扩展的力学机制。

当复合岩层的下位岩层表面裂隙沿其裂隙尖端扩展而断裂时，裂纹可能发生穿层扩展和沿层理面扩展。裂纹扩展穿层需满足条件 $\sigma_\varphi - \sigma_h = \sigma_t$，而裂纹是否沿层理面发生偏折是由作用于层理面上的剪应力（有时为拉应力，下同）和界面抗剪强度（有时仅为界面的胶结强度，下同）决定。与下位岩层断裂的同时，其自身因变形过程中所积聚的变形能会突然释放，而变形能的突然释放必然对层理面产生力的作用，若该作用力超过层理面的力学强度，则层理面可能发生层间错动或层间分离，也可能是两种现象同时发生，这主要取决于层理面上作用力所满足的破坏条件。

当复合岩层的下位岩层表面裂隙沿裂隙尖端扩展而未断裂时，若层理面上的剪应力大于界面抗剪强度，复合岩层必将发生层间错动，层理面的错动区域将随作用时间增加而增大，同时复合岩层在弯曲变形过程中因各分层之间的挠度差异而产生离层，引发复合岩层整体组合性态的劣化，或逐渐转变为多层单一岩层，最终因各单一岩层的逐层断裂而导致复合岩层完全断裂。关于表面裂隙单一岩层的断裂（失稳）机制详见 5.2。

"减厚复合梁"力学模型如图 5.11（a）所示，岩层编号由下向上分别为 $1，2，\cdots，n$。岩层在重力载荷 Q 作用下产生弯曲，而水平应力 σ_x 会加速岩层的这一弯曲程度。暂不考虑 σ_x 对岩层弯曲的加速作用，由材料力学易得第 1 层至第 n 层岩层的最大挠度为：

$$\begin{cases} (y_{\max})_1 = \dfrac{5L_1^4(h_1\gamma_1 + q_1 - p_i)}{384E_1I_1} \\ \qquad\qquad\vdots \\ (y_{\max})_{n-1} = \dfrac{5L_{n-1}^4(h_{n-1}\gamma_{n-1} + q_{n-1} - p_i)}{384E_{n-1}I_{n-1}} \\ (y_{\max})_n = \dfrac{5L_n^4(h_n\gamma_n - p_i)}{384E_nI_n} + \dfrac{QL_n^3}{48E_nI_n} \end{cases} \tag{5.30}$$

式中，$h_1，\cdots，h_n$ 为各岩层的厚度；$\gamma_1，\cdots，\gamma_n$ 为各岩层的体积力；$L_1，\cdots，L_n$ 为各岩层的跨度；$E_1，\cdots，E_n$ 为各岩层的弹性模量；$I_1，\cdots，I_n$ 为各岩层的断面惯性矩，其中 I_1 为考虑表面裂隙的第 1 岩层的断面惯性矩，$I_1 = \dfrac{h_1^3(1-\eta)^3}{12}$，其余岩层的断面惯性矩不考虑表面裂隙的影响，$I_n = \dfrac{h_n^3}{12}$；$q_1，\cdots，q_{n-1}$ 为作用于各岩层上的载荷（不包括岩层本身自重），其余同前。

当 $(y_{\max})_1 > (y_{\max})_2$ 时，第 1 岩层和第 2 岩层离层；当 $(y_{\max})_1 \leqslant (y_{\max})_2 > (y_{\max})_3$ 时，第 1 岩层和第 2 岩层形成叠合岩层，且与第 3 岩层离层；当 $(y_{\max})_1 > (y_{\max})_2 > (y_{\max})_3$ 时，第 1 岩层、第 2 岩层和第 3 岩层均离层，不会形成叠合岩层。当 $(y_{\max})_1 \leqslant (y_{\max})_2 > (y_{\max})_3 < (y_{\max})_4$ 时，第 2 层和第 3 层离层，且第 1、2 层和第 3、4 岩层分别形成叠合岩层，此种情况下形成了多个叠合岩层。如此类推，当满足 $(y_{\max})_n \leqslant (y_{\max})_{n+1} > (y_{\max})_{n+2}$ 时，第 n 岩层和第 $n+1$ 岩层形成叠合岩层，且与第 $n+2$ 岩层离层；当 $(y_{\max})_n > (y_{\max})_{n+1} > (y_{\max})_{n+2}$ 时，第 n 岩层、第 $n+1$ 岩层和第 $n+2$ 岩层均离层，不会形成叠合岩层；当 $(y_{\max})_n >$

$(y_{max})_{n+1} > (y_{max})_{n+2} < (y_{max})_{n+3}$ 时，第 2 层和第 3 层离层，且第 n、$n+1$ 层和第 $n+2$、$n+3$ 岩层形成了多个叠合岩层。可见，$(y_{max})_1, \cdots, (y_{max})_n$ 决定了各岩梁能否形成叠合层以及叠合层的组合形式。

计算各岩层最大挠度时，需要确定各岩层上的载荷 q_n，若第 1 岩层为坚硬岩层，上部复合岩层一定范围内的岩层重量由第 1 岩层来承担，则第 1 岩层上的载荷为：

$$q_1 = (q_n)_1 = \frac{E_1 \cdot h_1{}^3 (\gamma_1 h_1 + \gamma_2 h_2 + \gamma_3 h_3 + \cdots + \gamma_n h_n)}{E_1 \cdot h_1{}^3 + E_2 \cdot h_2{}^3 + E_3 \cdot h_3{}^3 + \cdots + E_n \cdot h_n{}^3}$$

(5.31)

若第 1 岩层离层后，将第 2 岩层视为第 1 岩层，再用式（5.31）可计算出第 2 岩层上的载荷。

5.3.1.2 表面裂隙复合岩层的层间错动（层间分离）的试验与模拟分析

为研究软硬不同复合岩层表面裂隙的扩展断裂、层间错动与分离问题，设计了复合岩层表面裂隙模型（图 5.23）。软岩采用石膏和自来水配制，质量比为 1∶0.4，抗压强度为 6.72MPa。硬岩采用 425♯ 水泥、细河沙、自来水配制，质量比为 1∶0.8∶0.4，抗压强度为 30.12MPa。裂隙倾角 θ 分别取 0°、30°、45° 和 60°，裂隙贯通率为 0.5。分别制作软软硬（SSH）、硬软软（HSS）和软硬软（SHS）三种类型复合岩层共计 12 个试验模型。

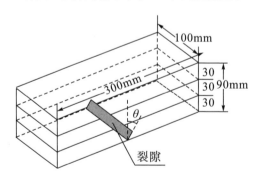

图 5.23 复合岩层表面裂隙模型

表面裂隙复合岩层采用 ABS（300mm×100mm×100mm）模具完成试样的制作，根据试验类别不同，单层浇筑厚 30mm，待其凝固后再进行第二层浇筑，仿照前述过程再进行第三层浇筑。当第三层浇筑后，呈半硬状态下将 3D 打印的模具插入预定位置，以形成预制裂隙。随后静置 24 小时，即可进行脱模，在室内常温条件下养护 28 天，则完成一个成品试样。本次试验采用 HCT605A 电液伺服压力机实施重力加载，以分析裂纹扩展穿层、裂纹偏折、岩层分离及断裂等力学现象。

SSH 型复合岩层的层间错动与层间分离特征如图 5.24 所示，分析知：①当裂隙倾角为 0°、30°、45° 和 60° 时，均产生层间错动（层间分离）。②随裂隙倾角增大，沿层面错动的范围逐渐增大，且有向上层发展的趋势。当裂隙倾角为 0°、30° 和 45° 时，层间错动（层间分离）仅发生在 SS 面；当裂隙倾角为 60° 时，在 SS 面和 SH 面均发生层间错动（层间分离），但在 SS 面的层间错动范围大于 SH 面。③当裂隙倾角为 45° 时，出现与裂纹延续扩展方向相反的层间错动，称为反向错动。以示区分，将与裂纹延续扩展方向相同的层间错动称为正向错动；将层间发生正向错动并跨越上岩层裂纹扩展（断裂）位置的现象称为跨纹错动。当裂隙倾角为 0°、45° 和 60° 时，出现跨纹错动。④当裂隙倾角为 45° 时，同时发生正向错动、跨纹错动和反向错动。

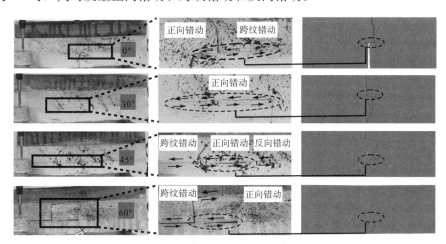

图 5.24 SSH 型复合岩层的层间错动与层间分离特征

SHS 型复合岩层的层间错动与层间分离特征的图 5.25 所示，分析知：①0° 裂隙倾角条件下的 SHS 型复合岩层不发生层间错动（层间分离），当裂隙倾角为 30°、45° 和 60° 时，均产生层间错动（层间分离）。②随裂隙倾角的增大，沿层面错动的范围逐渐加大，但层间错动仅发生在 HS 面上。③当裂隙倾角为 30° 时，同时发生正向错动、跨纹错动和反向错动；当裂隙倾角为 45° 和 60° 时，同时发生正向错动和跨纹错动。

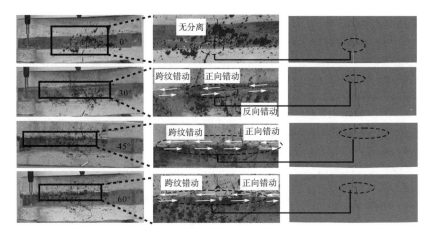

图 5.25　SHS 型复合岩层的层间错动与分离特征

　　HSS 型复合岩层的层间错动与层间分离如图 5.26 所示，分析知：①60°裂隙倾角条件下的 HSS 型复合岩层不发生层间错动（层间分离），当裂隙倾角为 0°、30°和 45°时，均产生层间错动（层间分离）。②随裂隙倾角的增大，沿层面错动的范围逐渐增大，但层间错动仅发生在 SS 面上，但不产生跨纹错动。③当裂隙倾角为 0°和 30°时，只发生正向错动；当裂隙倾角为 45°时，同时发生正向错动和反向错动。

　　综上，岩层的软硬程度和裂隙倾角均会影响裂纹的扩展路径和特征。SSH 型复合岩层易形成 SS 岩层分离，SHS 型复合岩层易形成上位 HS 岩层分离，HSS 型复合岩层易形成 SS 岩层分离。可见，复合岩层中的软岩层易致层间分离。

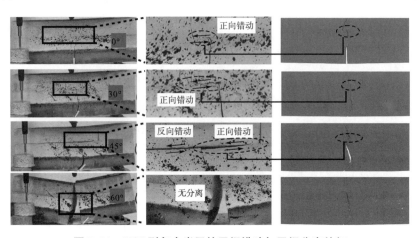

图 5.26　HSS 型复合岩层的层间错动与层间分离特征

5.3.2　表面裂隙复合岩层的断裂分析

5.3.2.1　复合岩层表面裂隙扩展的试验分析

SSH 型复合岩层表面裂隙扩展及断裂过程如图 5.27 所示，分析知：①当裂隙倾角为 0°、30°、45°和 60°时，裂纹均沿预制裂隙尖端扩展；当裂纹扩展至 SS 界面时，首先产生层间错动和层间分离，然后在 SS 界面发生裂纹跨层偏折现象，继而发生上层软岩断裂，上层软岩断裂位置一般与裂隙倾向相反。在此，将表面裂隙扩展至岩层分层界面处而发生的偏折现象称为扩展跨层偏折（简称为跨层偏折）。②当裂隙倾角为 0°、30°和 45°时，在 SH 界面不发生跨层偏折；当裂隙倾角为 60°时，在 SH 界面发生跨层偏折。

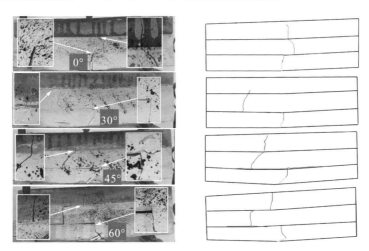

图 5.27　SSH 型复合岩层表面裂隙扩展及断裂过程

SHS 型复合岩层表面裂隙扩展及断裂过程如图 5.28 所示，分析知：①当裂隙倾角为 0°、30°、45°和 60°时，裂纹均沿预制裂隙尖端扩展；裂纹在 SH 界面（下位软硬岩层接触面）不发生跨层偏折和分离。②当裂隙倾角为 0°时，在 HS 界面（上位硬软岩层接触面）不发生跨层偏折和分离；当裂隙倾角为 30°、45°和 60°时，在 HS 界面均发生跨层偏折和分离。

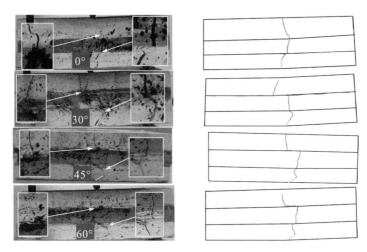

图 5.28　SHS 型复合岩层表面裂隙扩展及断裂过程

　　HSS 型复合岩层表面裂隙扩展及断裂过程如图 5.29 所示，分析知：①当裂隙倾角为 60°时，HSS 型复合岩层大致沿跨距中心断裂，裂纹在 HS 和 SS 两个界面均不发生跨层偏折，且不沿预制裂隙尖端扩展。②当裂隙倾角为 0°、30°和 45°时，裂纹在 HS 界面不发生跨层偏折和分离。③当裂隙倾角为 0°时，在 SS 界面不发生跨层偏折和分离；当裂隙倾角为 30°和 45°时，在 SS 界面均发生跨层偏折和分离。

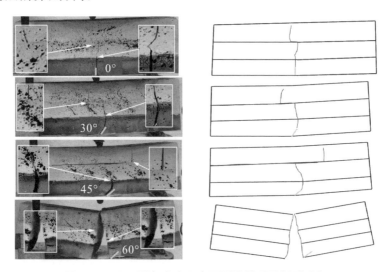

图 5.29　HSS 型复合岩层表面裂隙扩展及断裂过程

5.3.2.2　复合岩层表面裂隙扩展的跨层偏折过程

图 5.30 描述了 45°倾角 HSS 型复合岩层表面裂隙扩展的跨层偏折过程，可分为四个阶段：①在外加载荷作用下，表面裂隙沿裂隙尖端扩展至 HS 界面，在靠近 HS 界面附近的裂纹扩展方向基本与层理界面垂直。②裂纹扩展穿透 HS 界面至第二分层，并朝着载荷作用位置的方向扩展至 SS 界面，在靠近 SS 界面附近的裂纹扩展方向与层理界面垂直。③SS 界面发生错动，且以裂纹为中心向层理两侧错动扩展，当层理错动到一定程度即产生第三层的断裂。④断裂后的第三层块体在外加载荷作用下发生回转变形，并在上端点形成铰接关系；同时，第二层断裂块体沿断裂面滑移并与第三层块体产生显著分离。

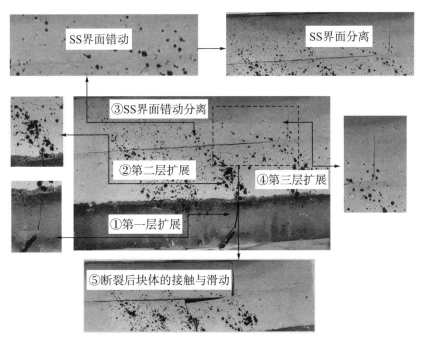

图 5.30　HSS 型复合岩层表面裂隙扩展的跨层偏折

5.3.3　表面裂隙复合岩层断裂的数值分析

5.3.3.1　复合岩层模型及表面裂隙扩展参数

重力载荷作用下表面裂隙复合岩层数值计算模型如图 5.31 所示，模型尺寸及各分层参数与试验所采用的物理模型一致。为真实模拟复合岩层层间特性，岩层层间界面采用 Abaqus2021 中 cohesive seam 单元模拟计算，界面单元厚度为 1mm。考虑到预制裂隙位于复合岩层跨距中心，并结合裂纹扩展的试验结果，模型采用中间密、两侧疏的方法划分网格单元。软硬岩层力学与断裂参数见表 5.7，岩层界面计算参数见表 5.8。

（a）模型组装　　　（b）单元划分　　　（c）界面单元

图 5.31　表面裂隙复合岩层数值计算模型

表 5.7　软硬岩层力学与断裂参数

名称	弹性模量（MPa）	泊松比	抗拉强度（MPa）	断裂能（N·mm^{-1}）
软岩	1270	0.30	1.5	0.08
硬岩	3040	0.20	2.66	0.12731

表 5.8　岩层界面计算参数

名称	E_{nn}（MPa）	E_{ss}（MPa）	E_{tt}（MPa）	σ_{nn}（MPa）	σ_{ss}（MPa）	σ_{tt}（MPa）	断裂能（N·mm^{-1}）
软软界面	1000	1000	1000	0.5	0.5	0.5	0.0246
软硬界面	3000	3000	3000	0.5	0.5	0.5	0.0246

5.3.3.2　复合岩层表面裂隙的扩展（断裂）特征

图 5.32～图 5.34 分别展示了 SSH 型、SHS 型和 HSS 型复合岩层表面裂隙扩展及断裂特征。不难发现：①裂纹均是自下而上朝着载荷作用位置扩展的。②裂纹扩展过程描述为：裂纹从裂隙尖端起始扩展，随载荷的增大而向上扩展，在第 1、2 岩层界面处产生偏折扩展，而后在第 2 岩层内继续扩展，至第 2、3 岩层界面处产生偏折扩展，在第 3 岩层内持续扩展直至断裂。

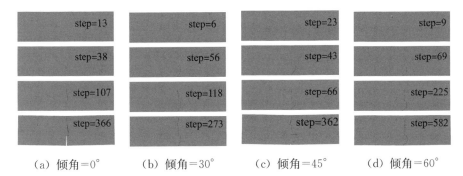

（a）倾角=0°　　（b）倾角=30°　　（c）倾角=45°　　（d）倾角=60°

图 5.32　SSH 型复合岩层表面裂隙扩展及断裂特征

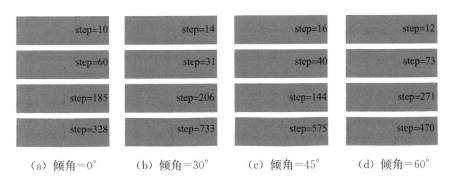

（a）倾角=0°　　（b）倾角=30°　　（c）倾角=45°　　（d）倾角=60°

图 5.33　SHS 型复合岩层表面裂隙扩展及断裂特征

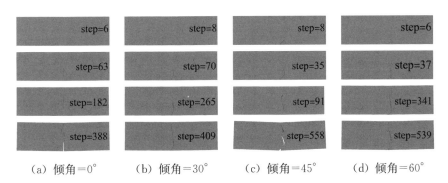

（a）倾角=0°　　（b）倾角=30°　　（c）倾角=45°　　（d）倾角=60°

图 5.34　HSS 型复合岩层表面裂隙扩展及断裂特征

图 5.35～图 5.37 分别展示了 SSH 型、SHS 型和 HSS 型复合岩层表面裂隙扩展的载荷-时步曲线。分析知：①载荷-时步曲线均呈现"双峰"或"多峰"特征，最大载荷均出现在第 1 岩层断裂以前的加载阶段，第 2 岩层的起始扩展载荷和断裂载荷均大于第 3 岩层。②倾角为 60°的 SSH 型复合岩层的最大载荷为第 1 岩层起始扩展载荷。③倾角为 45°的 SHS 型复合岩层的最大载荷为第 1 岩层起始扩展载荷，倾角为 60°的 SHS 型复合岩层的第 1 岩层起始扩展载

荷与最大载荷非常接近。④倾角为 45°和 60°的 HSS 型复合岩层的最大载荷为第 1 岩层起始扩展载荷。可见，裂隙倾角对复合岩层最大承载能力的影响明显。

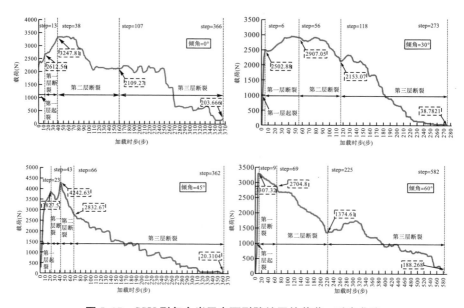

图 5.35　SSH 型复合岩层表面裂隙扩展的载荷－时步曲线

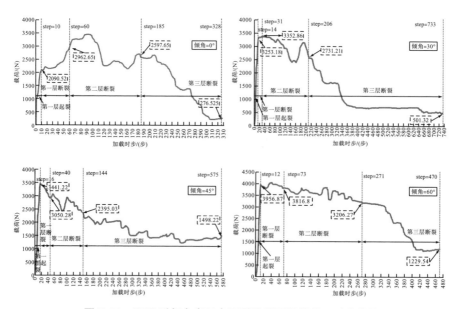

图 5.36　SHS 型复合岩层表面裂隙扩展的载荷－时步曲线

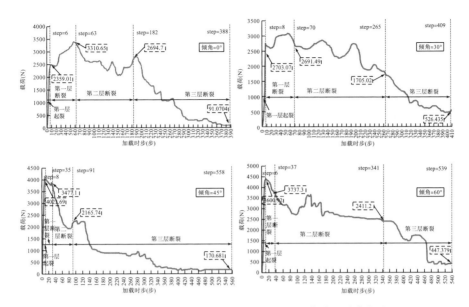

图 5.37　HSS 型复合岩层表面裂隙扩展的载荷－时步曲线

5.3.4　表面裂隙复合岩层断裂过程中各分层的作用关系

以 45°倾角 HSS 型复合岩层为例来分析其断裂后块体之间的铰接形态和作用关系（图 5.38）。由于第 1 岩层和第 2 岩层未产生分离和裂纹跨层偏折，所以第 1 岩层和第 2 岩层断裂后形成一个铰接点（即由 A 块和 B 块即可形成下位三铰拱），在裂纹扩展过程中，第 2 岩层和第 3 岩层产生分离，第 3 岩层断裂后单独形成了一个铰接点（由 C 块和 D 块组成上位三铰拱）。受裂纹跨层偏折的影响，第 3 岩层断裂位置偏离下位拱顶铰接点位置，导致上位三铰拱 C 块和下位三铰拱 B 块在 a 处形成局部接触。在上位三铰拱变形过程中，C 块以接触区 a 为媒介向下位三铰拱 B 块传递载荷，受铰接和摩擦作用的影响，组成下位三铰拱的 A 块和 B 块出现整体下移。当下位三铰拱 B 块所受的力满足 $F \cdot L_2 \leqslant P \cdot L_1 + G \cdot L_3$ 时，块体 B 相对块体 A 向下滑动，同时出现下位三铰拱顶铰接点下移现象，加剧了下位三铰拱失稳。可见，表面裂隙复合岩层断裂后导致其由 "梁" 状态向 "拱梁" 状态转变。受断裂位置的影响，各分层之间存在一定的力学作用和联系，一般难以形成稳定的叠合三铰拱结构，而易加剧下位三铰拱失稳。由图 5.38 还可以看出，若将第 1 岩层和第 2 岩层视为一个岩层，断裂后的顶部铰接位置处于复合岩层的跨度中心，由断裂块体所形成的三铰拱呈对称形态，称其为正态拱。第 3 岩层断裂后的顶部铰接位置偏离

147

复合岩层的跨度中心，由断裂块体所形成的三铰拱呈非对称形态，称其为偏态拱。

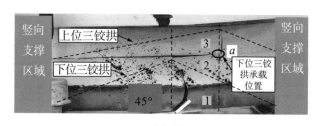

（a）试验图

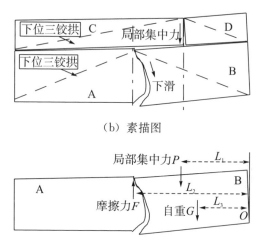

（b）素描图

（c）B块受力分析图

图 5.38　复合岩层断裂过程中块体的相互作用分析

由图 5.39～图 5.41 知：①当裂隙倾角为 0°时，SSH 型、SHS 型和 HSS 型复合岩层断裂后形成正态拱。SSH 型复合岩层断裂后形成下位正态拱和上位偏态拱的叠合拱结构。②当裂隙倾角为 30°和 45°时，SSH 型、SHS 型和 HSS 型复合岩层断裂后均形成"正态拱＋偏态拱"的叠合拱结构。SSH 型复合岩层形成"上位组合拱＋下位单层拱"的叠合拱结构；SHS 型和 HSS 型复合岩层形成"上位单层拱＋下位组合拱"的叠合拱结构。③当裂隙倾角为 60°时，SSH 型复合岩层断裂后形成了由三个单层拱组成的叠合拱结构，SHS 型复合岩层断裂后形成"上位单层拱＋下位组合拱"的叠合拱结构，HSS 型复合岩层断裂后形成了一个叠合拱结构。

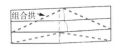   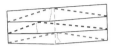

（a）裂隙倾角 0°   （b）裂隙倾角 30°   （c）裂隙倾角 45°   （d）裂隙倾角 60°

图 5.39 SSH 型复合岩层表面裂隙断裂过程中的铰接关系

 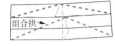  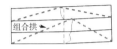

（a）裂隙倾角 0°   （b）裂隙倾角 30°   （c）裂隙倾角 45°   （d）裂隙倾角 60°

图 5.40 SHS 型复合岩层表面裂隙断裂过程中的铰接关系

  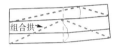 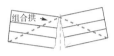

（a）裂隙倾角 0°   （b）裂隙倾角 30°   （c）裂隙倾角 45°   （d）裂隙倾角 60°

图 5.41 HSS 型复合岩层表面裂隙断裂过程中的铰接关系

综上，复合岩层的软硬组合方式和裂隙倾角影响复合岩层断裂过程中可能形成的铰接关系。硬岩层易形成叠合拱结构，此时可将复合岩层视为单一厚岩层来分析表面裂隙对其断裂的影响。复合岩层软硬的组合方式不同，在其断裂过程中可能形成单层拱和组合拱或两者的组合。从稳定性角度分析，组合拱的自承载能力相对较强，更有利于复合岩层处于稳定状态或暂时稳定状态。表面裂隙影响复合岩层断裂过程中可能形成的铰接位置（铰接形态），即可能形成正态拱和偏态拱或两者的组合形态，而偏态拱易加剧下位复合岩层断裂拱结构失稳。显然，复合岩层断裂后若能形成正态拱或叠合正态拱，则利于巷道顶板的稳定，也易于支护和维护。因此，在巷道顶板岩层含表面裂隙的条件下，巷道顶板支护的作用在于：①尽可能避免巷道顶板岩层表面裂隙的扩展或断裂，以确保巷道顶板岩层的相对完整，减少其强度损伤；②当巷道顶板岩层表面裂隙扩展（断裂）不可避免时，应使表面裂隙朝着有利于巷道顶板岩层形成正态拱或叠合正态拱的方向扩展（断裂），以促使巷道顶板岩层形成自稳结构（也可能是暂时的自稳结构），充分发挥其自承载能力，在一定程度上降低支护强度和支护成本。

第 6 章　结论与展望

6.1　结论

　　本书采用理论分析、室内实验和数值仿真相结合的方法，研究了岩体表面裂隙扩展模式及其影响因素，岩体表面裂隙的扩展演化过程、强度损伤规律以及表面裂隙对巷道顶板岩层断裂的影响机理。通过研究，发现了影响岩体表面裂隙扩展模式转变的几何要素，建立了岩体表面裂隙的简化模型。确定了岩体表面裂隙分别在压缩载荷条件下和三点弯曲载荷条件下的应力强度因子计算式，揭示了岩体表面裂隙分别在单向压缩载荷条件下和三点弯曲载荷条件下的扩展演化机制，建立了岩体表面裂隙扩展路径的计算流程。掌握了表面裂隙岩体的破断模式、载荷－位移曲线特征及强度变化规律。在此基础上，建立了巷道顶板表面裂隙岩层的"减厚梁"力学模型和"减厚复合梁"力学模型，提出了"减厚梁"的破断（失稳）判据，揭示了"减厚复合梁"的裂纹扩展穿层、层间错动与分离的力学机制，分析了巷道顶板破断后可能形成的结构类型。主要结论如下：

　　（1）岩体厚度中心面是岩体表面裂隙扩展模式转变的临界位置，贯通率是较深厚比更能准确表征影响岩体表面裂隙扩展模式转变的几何参量。以贯通率为量化指标界定表面裂隙（贯通率小于等于 0.5）和贯穿裂隙（贯通率大于 0.5）。表面裂隙的贯通率受岩体尺度、裂隙倾角和偏置系数的影响显著，巷道顶板岩层的表面裂隙贯通率可简化为 $\eta^{ij} = \dfrac{l}{W}\cos\theta$。

　　（2）压缩载荷条件下，岩体表面裂隙的状态直接影响 K_{I} 的正负和 K_{II} 的摩擦效应。K_{II} 与侧向应力系数、贯通率、裂隙倾角和摩擦系数均呈非线性关系，在一定条件下可能出现 K_{II} 恒为 0。初裂角和 σ_{cc}/τ_c 均与贯通率、裂隙倾角、摩擦系数和侧压系数呈非线性关系，裂隙倾角为 0° 和双向等压条件下 σ_{cc}/τ_c 恒为 0.232。单向压缩载荷条件下，初裂角与裂隙倾角和贯通率均负相关，而与摩擦系数和侧压系数均正相关；σ_{cc}/τ_c 与贯通率负相关，与摩擦系数正相关，而随侧压的增大呈先增大后减小的变化规律。泊松比与初裂角和 σ_{cc}/τ_c 均无关。

（3）三点弯曲载荷条件下，岩体表面裂隙的 K_{I} 和 K_{II} 均因裂隙尖端是否在岩体中央而异。$Y_{\text{I}o}$ 和 $Y_{\text{II}o}$ 均与偏置系数呈线性关系，而与贯通率和裂隙倾角均呈非线性关系。$Y_{\text{I}o}/Y_{\text{II}o}$ 与贯通率、裂隙倾角和偏置系数均呈非线性关系；裂隙倾角小于 45° 时裂隙可能产生张拉扩展；反之则可能产生剪切扩展。初裂角和 P^s/K_{1c} 与贯通率、裂隙倾角和偏置系数均呈非线性关系。初裂角与裂隙倾角和偏置系数均正相关，与贯通率的关系受裂隙倾角的影响而呈相反的变化规律；P^s/K_{1c} 与裂隙倾角和偏置系数均正相关，而与贯通率的关系受裂隙倾角和偏置系数的影响明显。裂隙倾角、贯通率和偏置系数对初裂角和 P^s/K_{1c} 的影响规律均与泊松比无关。

（4）岩体表面裂隙扩展过程中的等效裂隙长度和等效裂隙倾角分别为 $l_{i+1}=\sqrt{l_i^2+dl_i^2-2l_i\cdot dl_i\cos(\pi-|\varphi_i|)}$ 和 $\theta_{i+1}=\theta_i\mp\arccos\dfrac{l_i^2+l_{i+1}^2-dl_i^2}{2l_i\cdot l_{i+1}}$，可用于岩体表面裂隙扩展路径的量化表征。岩体表面裂隙断裂时的等效裂隙倾角即为断裂角。单轴压缩载荷条件下和三点弯曲载荷条件下，理论预测的扩展路径、初裂角和断裂角均与试验结果大致吻合。

（5）单轴压缩载荷条件下，岩体均产生由表面裂隙尖端扩展主导的破坏，初始扩展裂纹表现出"外伸弧"或"内收弧"的特征；小于 45° 倾角的表面裂隙岩体会产生片裂现象，裂尖区的片裂由微破裂区的裂纹扩展而致，裂隙中部的片裂因原裂隙面先受拉后受压所致。表面裂隙岩体破坏过程可分为裂隙闭合压密、弹性变形、裂隙起裂、裂纹快速扩展和破坏五个阶段，其峰值强度随裂隙倾角的增大呈先减小后增大的变化规律，45° 倾角的表面裂隙岩体峰值强度达最小值，弹性模量与裂隙倾角的关系与之相反。

（6）三点弯曲载荷条件下，岩体表面裂隙扩展及岩体断裂随裂隙倾角、贯通率和偏置系数的不同可能与表面裂隙无直接关系，且无片裂现象。表面裂隙岩体的断裂过程可分为弹性压密变形、弹性弯曲变形和破坏三个阶段，其峰值载荷与裂隙的位置密切相关。

（7）满足 $L_1=\sqrt{3}L_0$ 时，巷道顶板岩层可由固支梁结构转换为简支梁结构，原岩应力越大、煤（岩）体的内聚力和内摩擦角越小时巷道顶板岩层等效为简支梁结构越合理。重力载荷作用下，"减厚梁"可能产生沿裂尖断裂、沿岩层中部断裂和复合型断裂三种形式；由 $\dfrac{3QL_s}{2h^2}$ 及 K_{I}^{b} 或 K_{II}^{b} 决定其断裂形式。水平应力作用下，"减厚梁"可能产生屈曲失稳和沿裂尖压剪断裂两种形式；

由 $\xi_{cf} = \dfrac{2\varepsilon}{\pi^{1.25}}\sqrt{\dfrac{6K_{IIc}}{E\cos\dfrac{\varphi_{c1}}{2}\sqrt{l}\,\bar{\omega}\left[F_{I}^{c}\sin\varphi_{c1}+F_{II}^{c}\left(3\cos\varphi_{c1}-1\right)\right]}}$ 决定其失稳形式。

复合载荷作用下，"减厚梁"可能产生弯曲（张拉）断裂、压剪断裂和屈曲破坏三种类型。"减厚梁"的弯曲（张拉）断裂和压剪断裂由 K_{I}^{com} 和 K_{II}^{com} 决定。"减厚梁"屈曲失稳（破坏）的首要位置由 σ_{max}^{i} 和 σ_{max}^{c} 决定。

（8）"减厚复合梁"可能发生裂纹扩展穿层、跨层偏折、层间错动与层间分离等力学现象。满足 $\sigma_{\varphi} - \sigma_h = \sigma_t$ 时裂纹扩展穿层，再有 $\tau_{r\varphi} \geq C_b + \sigma_r \tan\beta_b$ 时发生跨层偏折，反之则不发生跨层偏折；跨层偏折可能会出现正向错动、反向错动和跨纹错动。"减厚复合梁"在弯曲变形过程中形成叠合梁的组合形式由各岩层的最大挠度决定，而断裂后块体之间的相互作用关系决定其可能形成单一三铰拱结构、组合三铰拱和叠合三铰拱等类型，且可能以与正态拱、偏态拱或其组合的形式出现。正态拱或叠合正态拱有利于巷道顶板的稳定，巷道顶板支护的作用就是尽量避免表面裂隙的扩展（断裂），或者迫使表面裂隙朝着有利于巷道顶板岩层能形成自稳结构的方向扩展（断裂）。

6.2　展望

本书采用理论分析、室内实验和数值计算相结合的方法研究了岩体表面裂隙扩展机理及其演化过程、表面裂隙对巷道空顶区顶板单一岩层和复合岩层断裂的影响机制。虽然获得了一些认识和进展，但仍有以下不足之处需进一步修正和完善：

（1）本书利用高速摄像机虽然可以清晰地记录裂隙扩展路径，但仍然不能区分和测取裂纹扩展区半径，也尚无相关文献数据对比验证。因此，关于这一方面还需进一步求证。

（2）本书虽然在岩层单一表面裂隙扩展及断裂机理方面取得一定的研究成果，而多表面裂隙岩层的断裂（失稳）机理及其断裂特征仍不清楚，这也将是作者今后努力的方向。

参考文献

[1] 康红普，张镇，黄志增. 我国煤矿顶板灾害的特点及防控技术 [J]. 煤矿安全，2020，51 (10)：24－33，38.

[2] 张孟浩，刘旺. 2021 年我国煤矿事故统计与规律分析 [J]. 山西煤炭，2023，43 (2)：30－35.

[3] 张培森，张晓乐，董宇航，等. 2008－2021 年我国煤矿事故规律分析及预测研究 [J]. 矿业安全与环保，2023，50 (2)：136－140，146.

[4] 景国勋，秦洪利，蒋方. 基于 Apriori 算法的煤矿安全事故分析 [J]. 安全与环境学报 2023：1－9.

[5] 马念杰，冯吉成，吕坤，等. 煤巷冒顶成因分类方法及其支护对策研究 [J]. 煤炭科学技术，2015，43 (6)：34－40.

[6] 贾明魁. 锚杆支护煤巷冒顶成因分类新方法 [J]. 煤炭学报，2005，30 (10)：568－570.

[7] 许鹏飞. 2000－2021 年我国煤矿事故特征及发生规律研究 [J]. 煤炭工程，2022，54 (7)：129－133.

[8] Kang H P. Support technologies for deep and complex roadways in underground coal mines：a review [J]. International Journal of Coal Science & Technology，2014，1 (3)：261－277.

[9] 何满潮，高玉兵，杨军，等. 无煤柱自成巷聚能切缝技术及其对围岩应力演化的影响研究 [J]. 岩石力学与工程学报，2017，36 (6)：1314－1325.

[10] 王超，伍永平，陈世江，等. 煤矿巷道顶板宏观单裂隙的力学行为及影响分析 [J]. 西安科技大学学报，2019，39 (2)：217－223.

[11] 伍永平，王超，李慕平，等. 煤矿软岩巷道顶底板剪切变形破坏机理 [J]. 西安科技大学学报，2007，(4)：539－543.

[12] 潘一山，宋义敏，刘军. 我国煤矿冲击地压防治的格局、变局和新局 [J]. 岩石力学与工程学报，2023，42 (9)：2081－2095.

[13] 袁亮，王恩元，马衍坤，等. 我国煤岩动力灾害研究进展及面临的科技难题 [J]. 煤炭学报，2023，48 (5)：1825－1845.

[14] 曹安业，窦林名，白贤栖，等. 我国煤矿矿震发生机理及治理现状与难题 [J]. 煤炭学报，2023，48 (5)：1894−1918.

[15] 谢和平，王家臣，陈忠辉，等. 坚硬厚煤层综放开采爆破破碎顶煤技术研究 [J]. 煤炭学报，1999，24 (4)：16−20.

[16] 孟贤正，程国建，夏永军，等. 矿井深部煤系地层岩巷掘进砂岩突出机理分析 [J]. 矿业安全与环保，2010，37 (1)：54−56，61.

[17] 顾东东. 深部顶板破碎巷道变形破坏规律及锚杆支护适应性研究 [D]. 青岛：山东科技大学，2018.

[18] 闫阳. 回采工作面复合顶板支护失效原因探讨 [J]. 江西煤炭科技，2017 (2)：102−104.

[19] 苏学贵，宋选民，李浩春，等. 特厚松软复合顶板巷道拱−梁耦合支护结构的构建及应用研究 [J]. 岩石力学与工程学报，2014，33 (9)：1828−1836.

[20] 王超，伍永平. 煤矿层状围岩巷道顶底板稳定性研究 [M]. 北京：煤炭工业出版社，2015.

[21] 马振乾. 厚层软弱顶板巷道灾变机理及控制技术研究 [D]. 北京：中国矿业大学（北京），2016.

[22] 王辉. 岩石三维表面裂隙扩展机理及数值模拟研究 [D]. 青岛：山东科技大学，2009.

[23] Inglis C E. Stresses in a plate due to the presence of cracks and sharp corners [J]. Transactions of the Institution of Naval. Architects，1913 (55)：219−241.

[24] Griffith A A. Phenomena of rupture and flow in solids [J]. Fisheries Management & Ecology，1920，16 (2)：130−138.

[25] Irwin G R. Analysis of stresses and strains near end of a crack traversing a plate [J]. Journal of Applied Mechanics，1956，24 (24)：361−364.

[26] Erdogan F，Sih G C. On the crack extension in plates under plane loading and transverse shear [J]. Journal of Basic Engineering，1963，85 (4)：519−525.

[27] Brace W F，Bombolakis E G. A note on brittle crack growth in compression [J]. Journal of Geophysical Research，1963，68 (12)：3709−3713.

[28] Bombolakis E G. Photoelastic study of initial stages of brittle fracture in compression [J]. Tectonophysics，1968，6 (6)：461−473.

[29] Palaniswamy K，Knauss W G. On the problem of crack extension in brittle solids under general loading [J]. Mechanics Today，1978，4 (30)，87−148.

[30] Chang K J. On the maximum strain criterion—a new approach to the angled crack problem [J]. Engineering Fracture Mechanics，1981，14 (1)：107−124.

[31] 汪懋骅. 复合型断裂应变准则 [J]. 固体力学学报，1982 (4)：571−581.

[32] Bobet A. The initiation of secondary cracks in compression [J]. Engineering Fracture

Mechanics，2000，66（2）：187－219.

［33］ Lajtai E Z. A theoretical and experimental evaluation of the Griffith theory of brittle fracture ［J］. Tectonophysics，1971，11（1）：129－156.

［34］ Lajtai E Z. Brittle fracture in compression ［J］. International Journal of Fracture，1974，10（4）：525－536.

［35］ Ingraffea A R，Heaze F E. Finite element models for rock fracture mechanics ［J］. International Journal of Numer and Analytical Methods in Geomech，1980，4（1）：25－43.

［36］ Liaw B M，Jeang F L，Hawkins N M，et al. Fracture Process Zone for Mixed Mode Loading of Concrete ［J］. Journal of Engineering Mechanics，1990，116（7）：1560－1579.

［37］ Gerstle W H，Xie M. FEM modeling of fictitious crack propagation in concrete ［J］. Journal of Engineering Mechanics，1992，118（2）：416－434.

［38］ Reyes O，Einstein H H. Failure mechanisms of fractured rock—a fracture coalescence model ［C］//Proceedings of 7th International Congress on Rock Mechanics，Aachen，Germany，1991：333－340.

［39］ 王桂尧，孙宗颀，黎振兹. 岩石Ⅱ型裂纹扩展的一般规律 ［J］. 中南矿冶学院学报，1994，25（4）：450－454.

［40］ 李通林，刘欣荣，杜云贵，等. 岩石裂纹扩展的力学分析 ［J］. 江西有色金属，1995，9（1）：11－14.

［41］ 朱维申，陈卫忠，申晋. 雁行裂纹扩展的模型试验及断裂机制研究 ［J］. 固体力学学报，1998，19（4）：355－360.

［42］ 唐春安，刘红元，秦四清，等. 非均匀性对岩石介质中裂纹扩展模式的影响 ［J］. 地球物理学报，2000，43（1）：116－121.

［43］ 汤连生，张鹏程，王洋. 岩体复合型裂纹的扩展规律Ⅰ. 无水作用条件下 ［J］. 中山大学学报（自然科学版），2002，41（6）：83－85，90.

［44］ 郭少华. 岩石类材料压缩断裂的实验与理论研究 ［D］. 长沙：中南大学，2003.

［45］ 黄凯珠，黄明利，焦明若，等. 三维表面裂纹扩展特征的研究 ［J］. 岩石力学与工程学报，2003，22（S1）：2145－2148.

［46］ Sugawara K，Suzuki Y. Tension fracture by sub－critical crack growth ［J］. Journal of MMIJ，2007，123（9－10）：444－457.

［47］ 郭彦双，黄凯珠，朱维申，等. 辉长岩中张开型表面裂隙破裂模式研究 ［J］. 岩石力学与工程学报，2007，26（3）：525－531.

［48］ 黄明利，黄凯珠. 三维表面裂纹相互作用扩展贯通机制试验研究 ［J］. 岩石力学与工程学报，2007，26（9）：1794－1799.

［49］ Wong L，Einstein H H. Systematic evaluation of cracking behavior in specimens containing single flaws under uniaxial compression ［J］. International Journal of Rock Mechanics & Mining Sciences，2009，46（2）：239－249.

[50] 王国艳，于广明，宋传旺. 初始裂隙几何要素对岩石裂隙扩展演化的影响 [J]. 辽宁工程技术大学学报（自然科学版），2011，30（5）：681－684.

[51] Hou J，Yang Z. Analysis of extension of semi－elliptical surface crack in a bending plate based on experiment and finite element simulation [J]. Disaster Advances，2012，5（4）：806－810.

[52] 黎立云，黄凯珠，韩智超，等. 三维表面裂纹扩展试验及理论分析 [J]. 岩石力学与工程学报，2012，31（2）：311－318.

[53] 肖桃李，李新平，贾善坡. 深部单裂隙岩体结构面效应的三轴试验研究与力学分析 [J]. 岩石力学与工程学报，2012，31（8）：1666－1673.

[54] 蒲成志，曹平，衣永亮. 单轴压缩下预制2条贯通裂隙类岩材料断裂行为 [J]. 中南大学学报（自然科学版），2012，43（7）：2708－2716.

[55] 赵延林，万文，王卫军，等. 类岩石材料有序多裂纹体单轴压缩破断试验与翼形断裂数值模拟 [J]. 岩土工程学报，2013，35（11）：2097－2109.

[56] Yin P，Wong R H C，Chau K T. Coalescence of two parallel pre－existing surface cracks in granite [J]. International Journal of Rock Mechanics and Mining Sciences，2014，68（6）：66－84.

[57] 刘学伟，刘泉声，刘滨，等. 侧向压力对裂隙岩体破坏形式及强度特征的影响 [J]. 煤炭学报，2014，39（12）：2405－2411.

[58] 王蒙，朱哲明，冯若琪. 真三轴加卸载条件下巷道周边裂隙岩体变形破坏试验研究 [J]. 煤炭学报，2015，40（2）：278－285.

[59] 陈佃浩，李廷春，吕学安，等. 红砂岩不同张开度表面裂隙三维扩展模式研究 [J]. 山东科技大学学报（自然科学版），2016，35（5）：63－69.

[60] 张科，陈宇龙，程赫明，等. 反倾角裂隙岩体压剪断裂及破碎特征研究 [J]. 岩石力学与工程学报，2018，37（S1）：3291－3299.

[61] 邹春海. 多裂隙类岩体材料裂纹扩展试验研究 [D]. 衡阳：南华大学，2018.

[62] 魏玉寒，朱珍德，曹加兴，等. 三维含表面裂隙岩体裂纹扩展数值模拟研究 [J]. 河北工程大学学报（自然科学版），2018，35（1）：24－27，31.

[63] 左建平，陈岩，刘晓丽. 围压作用下岩石峰前裂纹演化行为及其扩展模型（英文）[J]. JournalofCentralSouthUniversity，2019，26（11）：3045－3056.

[64] 赵洪宝，王涛，苏泊伊，等. 局部荷载下煤样内部微结构及表面裂隙演化规律 [J]. 中国矿业大学学报，2020，49（2）：227－237.

[65] 安冬. 单轴压缩下砂泥岩复合岩体裂隙扩展机制研究 [D]. 宜昌：三峡大学，2022.

[66] 宋孝天，刘红岩. 裂隙性质对岩石压缩力学特性影响的扩展有限元研究 [J]. 矿业研究与开发，2023，43（1）：76－85.

[67] Williams M L. The bending stress distribution at the base of a stationary crack [J]. Journal of Applied Mechanics，1961，28（1）：78－82.

[68] 金丰年，浦奎英. 三点弯曲蠕变试验中裂缝扩展的有限元计算分析 [J]. 岩石力学与工程学报，1997，16（1）：52—59.

[69] 朱万成，唐春安，杨天鸿，等. 偏三点弯曲岩石试件中裂纹扩展过程的数值模拟 [J]. 东北大学学报，2002，23（6）：592—595.

[70] 黄明利，朱万成，逢铭彰. 动载荷作用下含偏置裂纹三点弯曲梁破坏过程的数值模拟 [J]. 岩石力学与工程学报，2007，26（S1）：3384—3389.

[71] 赵吉坤，徐道远. 大理岩三点弯曲梁弹塑性损伤破坏研究 [J]. 重庆建筑大学学报，2008，30（2）：47—52.

[72] 宁小亮. 岩梁的变形破坏规律研究 [D]. 西安：西安科技大学，2008.

[73] Aliha M R M，Hosseinpour G R，Ayatollahi M R. Application of cracked triangular specimen subjected to three－point bending for investigating fracture behavior of rock materials [J]. Rock Mechanics and Rock Engineering，2013，46（5）：1023—1034.

[74] 左建平，黄亚明，刘连峰. 含偏置缺口玄武岩原位三点弯曲细观断裂研究 [J]. 岩石力学与工程学报，2013，32（4）：740—746.

[75] 周扬一，冯夏庭，徐鼎平，等. 受弯条件下薄层灰岩的力学响应行为试验研究 [J]. 岩土力学，2016，37（7）：1895—1902，1985.

[76] 唐静. 层状岩体裂隙演化的结构效应研究 [D]. 焦作：河南理工大学，2018.

[77] 丁永政，邓清海，刘兆冰，等. 含偏置裂纹的三点弯曲梁破坏过程颗粒流模拟 [J]. 高校地质学报，2019，25（4）：519—526.

[78] 韩伟歌，崔振东，唐铁吾，等. 三点弯曲条件下不同层理面强度对裂纹扩展过程的影响 [J]. 煤炭学报，2019，44（10）：3022—3030.

[79] 李斌. 陡倾顺层软岩边坡破坏机制及稳定性研究 [D]. 重庆：重庆大学，2019.

[80] 张会仙. 反倾层状岩体弯曲破坏判据及数值实现 [D]. 贵阳：贵州大学，2020.

[81] 卢浩，冯夏庭，杨成祥，等. 不同预制裂缝方法及长度对岩石三点弯曲试验的影响 [J]. 岩土力学，2021，42（4）：1115—1125.

[82] 何兴. 水平层状岩体洞室顶板力学模型及锚固效应研究 [D]. 贵阳：贵州大学，2021.

[83] Yang L，Huang D，Peng J，et al. Influences of layer combination on fracture behaviour of soft - hard interbedded rock layers using three－point－bending test [J]. Theoretical and Applied Fracture Mechanics，2022（122）：1—16.

[84] Fan Z D，Xie H P，Sun X，et al. Crack deflection in shale－liked layered rocks under three－point bend loading [J]. Engineering Fracture Mechanics，2023（289）：1—15.

[85] 平寿康，刘明，张瑞鹤. 交岔点围岩稳定性分析——巷道顶板事故机理研究 [J]. 矿山压力与顶板管理，1990（1）：33—39，72—73.

[86] 何国光. 巷道顶板事故的分类与防治 [J]. 矿山压力与顶板管理，1990（4）：37—40，68.

[87] 侯朝炯，郭宏亮. 我国煤巷锚杆支护技术的发展方向 [J]. 煤炭学报，1996，21（2）：

113−118.

[88] 杨双锁，苏新瑞. 层间作用对岩层断裂的影响 [J]. 太原理工大学学报，1999，30（4）：64−67.

[89] 鞠文君. 锚杆支护巷道顶板离层机理与监测 [J]. 煤炭学报，2000，25（S1）：58−61.

[90] 柏建彪，侯朝炯，杜木民，等. 复合顶板极软煤层巷道锚杆支护技术研究 [J]. 岩石力学与工程学报，2001，20（1）：53−56.

[91] 杨建辉，杨万斌，郭延华. 煤巷层状顶板压曲破坏现象分析 [J]. 煤炭学报，2001，26（3）：240−244.

[92] 何满潮，孙晓明，苏永华，等. 综放工作面大断面切眼锚网索支护技术研究 [J]. 煤炭科学技术，2002，30（1）：36−38，51.

[93] 苏仲杰，于广明，杨伦. 覆岩离层变形力学模型及应用 [J]. 岩土工程学报，2002，24（6）：778−781.

[94] 张农，李学华，高明仕. 迎采动工作面沿空掘巷预拉力支护及工程应用 [J]. 岩石力学与工程学报，2004，23（12）：2100−2105.

[95] 张农，高明仕. 煤巷高强预应力锚杆支护技术与应用 [J]. 中国矿业大学学报，2004，33（5）：34−37.

[96] 康天合，郆进海，潘永前. 薄层状碎裂顶板综采切眼锚固参数与锚固效果 [J]. 岩石力学与工程学报，2004，23（S2）：4930−4935.

[97] Hebblewhite B K, Lu T. Geomechanical behaviour of laminated, weak coal mine roof strata and the implications for a ground reinforcement strategy [J]. International Journal of Rock Mechanics & Mining Sciences，2004，41（1）：147−157.

[98] 陆庭侃，刘玉洲，许福胜. 煤矿采区巷道顶板离层的现场观测 [J]. 煤炭工程，2005，51（11）：62−65.

[99] 郆进海. 薄层状巨厚复合顶板回采巷道锚杆锚索支护理论及应用研究 [D]. 太原：太原理工大学，2005.

[100] 顾铁凤，黄景. 裂隙岩体巷道顶板失稳的块体力学分析与支护强度设计 [J]. 湖南科技大学学报（自然科学版），2005，20（4）：21−25.

[101] 曾佑富，伍永平，来兴平，等. 复杂条件下大断面巷道顶板冒落失稳分析 [J]. 采矿与安全工程学报，2009，26（4）：423−427，432.

[102] 谭云亮，何孔翔，马植胜，等. 坚硬顶板冒落的离层遥测预报系统研究 [J]. 岩石力学与工程学报，2006，25（8）：1705−1709.

[103] 李东印，刑奇生，张瑞林. 深部复合顶板巷道变形破坏机理研究 [J]. 河南理工大学学报，2006，26（6）：457−460.

[104] 杨峰，王连国，贺安民，等. 复合顶板的破坏机理与锚杆支护技术 [J]. 采矿与安全工程学报，2008，25（3）：286−289.

[105] 马念杰，詹平，何广，等. 顶板中软弱夹层对巷道稳定性影响研究 [J]. 矿业工程研究，2009，24 (4)：1－4.

[106] 贠东风，辛亚军，姬红英，等. 大倾角"三软"突出煤层回采巷道顶板监测与支护 [J]. 西安科技大学学报，2010，30 (3)：260－265.

[107] 吴德义，高航，王爱兰. 巷道复合顶板离层的影响因素敏感性分析 [J]. 采矿与安全工程学报，2012，29 (2)：255－260.

[108] 王琦，李术才，李智，等. 煤巷断层区顶板破断机制分析及支护对策研究 [J]. 岩土力学，2012，33 (10)：3093－3102.

[109] 韦四江，勾攀峰. 巷道围岩锚固体变形破坏特征的试验研究 [J]. 采矿与安全工程学报，2013，30 (2)：199－204.

[110] 蒋力帅. 工程岩体劣化与大采高沿空巷道围岩控制原理研究 [D]. 北京：中国矿业大学（北京），2016.

[111] 王辉，杨双锁. 多软弱夹层的巷道顶板稳定特性及支护设计 [J]. 煤矿安全，2017，48 (4)：199－202，206.

[112] 丁书学. 深部含软弱夹层巷道围岩锚固承载特性及工程应用 [D]. 徐州：中国矿业大学，2018.

[113] 赵启峰，张农，彭瑞，等. 大断面泥质巷道顶板离层突变垮冒演化相似模拟实验研究 [J]. 采矿与安全工程学报，2018，35 (6)：1107－1114.

[114] 于辉，刘国磊，初道忠. 基于薄板理论的巷道层状顶板破断模型分析 [J]. 煤炭技术，2018，37 (1)：13－16.

[115] 王茂盛. 赵庄矿深部大断面复合顶板煤巷变形破坏机理与控制对策 [D]. 北京：中国矿业大学（北京），2019.

[116] 王京滨. 水平层状顶板间隔破裂机制及支护优化研究 [D]. 西安：西安科技大学，2020.

[117] 贾后省，潘坤，刘少伟，等. 采动巷道复合顶板离层破坏机理与预测方法 [J]. 采矿与安全工程学报，2021，38 (3)：518－527.

[118] 彭杨皓. 深部厚煤层沿底巷道变形破坏机理及帮顶协同支护研究 [D]. 北京：中国矿业大学（北京），2021.

[119] 王同旭，康正卿. 叠层梁理论在复合顶板受力分析中的应用 [J]. 矿业安全与环保，2022，49 (6)：7－12.

[120] 姚强岭，李英虎，夏泽，等. 基于有效锚固层厚度的煤系巷道顶板叠加梁支护理论及应用 [J]. 煤炭学报，2022，47 (2)：672－682.

[121] 贾后省，潘坤，李东发，等. 含软弱夹层顶板采动巷道冒顶机理与控制方法 [J]. 中国矿业大学学报，2022，51 (1)：67－76，89.

[122] 彭守建，吴斌，许江，等. 基于CGAL的岩石裂隙面三维重构方法研究 [J]. 岩石力学与工程学报，2020，39 (S2)：3450－3463.

[123] 周枝华, 杜守继. 岩石节理表面几何特性的三维统计分析 [J]. 岩土力学, 2005, 26 (8): 1227—1232.

[124] Ayhan A O. Mixed mode stress intensity factors for deflected and inclined corner cracks in finite—thickness plates [J]. International Journal of Fatigue, 2007, 29 (2): 305—317.

[125] Wong R H C, Guo Y S, Li L Y, et al. Anti—winged crack study from 3D surface flaw in real rock [C] //16th European Conference on Fracture, AlexandrouPolis, 2006: 264—287.

[126] Wong R H C, Huang M L, Jiao M R, et al. The mechanisms of crack propagation from surface 3D fracture under uniaxial compression [J]. Key Engineering Materials, 2004 (261/263): 219—224.

[127] Wong R H C, Law C M, Chau K T, et al. Crack propagation from 3 — D surface fractures in PMMA and marble specimens under uniaxial compression [J]. International Journal of Rock Mechanics and Mining Science, 2004, 41 (3): 360—366.

[128] 郭彦双. 脆性材料中三维裂隙断裂试验、理论与数值模拟研究 [D]. 济南: 山东大学, 2007.

[129] 滕春凯, 尹祥础, 李世愚, 等. 非穿透裂纹平板试件三维破裂的实验研究 [J]. 地球物理学报, 1987, 30 (4): 371—378.

[130] 宋彦琦, 李名, 王晓. 表面裂纹对大理岩破坏特性影响 [J]. 辽宁工程技术大学学报 (自然科学版), 2014, 33 (8): 1074—1079.

[131] 左宇军, 唐春安, 梁正召, 等. 含两条表面闭合裂纹的岩石类介质裂隙贯通机制的三维数值分析 [C] //第九届全国岩石力学与工程学术大会论文集. 北京: 科学出版社, 2006: 318—323.

[132] 张敦福, 李术才. 三维斜置半圆形表面裂纹扩展数值模拟 [J]. 固体力学学报, 2009, 30 (2): 129—135.

[133] 陆永龙. 红砂岩中不同深度表面裂隙的破裂模式研究 [J]. 科学技术创新, 2022 (31): 98—101.

[134] Wang H, Dyskin A, Pasternak E. Comparative analysis of mechanisms of 3 — D brittle crack growth in compression [J]. Engineering Fracture Mechanics, 2019 (220): 106—656.

[135] 李明田, 杨磊, 张宁. 水泥砂浆脆性材料表面裂纹扩展模式研究 [J]. 山东交通学院学报, 2009, 17 (1): 56—59.

[136] 张启洞, 王强胜, 李文俊, 等. 复杂载荷作用下的三维裂纹扩展研究 [J]. 四川轻化工大学学报 (自然科学版), 2020, 33 (6): 65—70.

[137] 吴宪锴. 岩石三维裂纹扩展机制的物理与数值试验研究 [D]. 大连: 大连理工大学, 2016.

[138] Guo Y S, Wong R H C, Chau K T, et al. Crack growth mechanisms from 3 — D

surface flaw with varied dipping angle under uniaxial compression [J]. Key Engineering Materials, 2007 (84): 2353−2356.

[139] 王晓明, 夏露, 郑银河, 等. 基于三维裂隙连通率的裂隙岩体表征单元体研究 [J]. 岩石力学与工程学报, 2013, 32 (S2): 3297−3302.

[140] 肖建勋, 程远帆, 王利丰. 岩体结构面连通率研究进展及应用 [J]. 地下空间与工程学报, 2006, 2 (2): 325−328, 334.

[141] 张倬元, 王士天, 王兰生, 等. 工程地质分析原理 [M]. 北京: 地质出版社, 2016.

[142] 李鸿鸣, 张磊. 裂隙连通率计算不同方法比较研究 [J]. 甘肃科学学报, 2020, 32 (1): 79−83, 99.

[143] 黄润秋. 基体结构面调查的全迹长测量与连通率研究 [C] //第六届全国工程地质大会论文集. 北京: 地质出版社, 2000: 324−327.

[144] 王超, 张建东, 陈晓宜, 等. 岩体裂纹扩展断裂理论与试验研究进展 [J]. 采矿技术, 2021, 21 (06): 45−50, 55.

[145] Williams M L. Pasadena C. On the stress distribution at the base of a stationary crack [J]. Journal of Applied Mechanics, 1957, 24 (1): 109−114.

[146] 李部, 黄润秋, 吴礼舟. 类岩石脆性材料非闭合裂纹的Ⅰ−Ⅱ压剪复合型断裂准则研究 [J]. 岩土工程学报, 2017, 39 (4): 662−668.

[147] 郑安兴, 罗先启. 压剪应力状态下岩石复合型断裂判据的研究 [J]. 岩土力学, 2015, 36 (7): 1892−1898.

[148] 李世愚, 和泰名, 尹祥础, 等. 岩石断裂力学导论 [M]. 合肥: 中国科学技术大学出版社, 2010.

[149] 陈枫. 岩石压剪断裂的理论与实验研究 [D]. 长沙: 中南大学, 2002.

[150] 王芳, 陈勉, 卢贵武. 弹性固体红外辐射特征的微观机理初探 [J]. 力学与实践, 2011, 33 (3): 38−41.

[151] 宫卫光. 压力驱动强化 bc8−C 和金刚石理想剪切强度 [D]. 长春: 吉林大学, 2018.

[152] 杨慧, 曹平, 江学良, 等. 闭合裂纹断裂的有效剪应力准则 [J]. 岩土力学, 2008, 29 (S1): 470−474.

[153] 赵廷仕, 刘普. Ⅰ−Ⅱ复合型裂纹应变疲劳扩展的探讨 [J]. 理化检验. 物理分册, 1989, 25 (4): 28−29, 8.

[154] 黄诗渊, 王俊杰, 王爱国, 等. 压剪作用下压实黏土断裂破坏机理及断裂准则 [J]. 岩土工程学报, 2021, 43 (3): 492−501.

[155] Tang S B. The effect of T−stress on the fracture of brittle rock under compression [J]. International Journal of Rock Mechanics and Mining Sciences, 2015, 79 (10): 86−98.

[156] 杨慧, 曹平, 江学良, 等. 双轴压缩下闭合裂纹应力强度因子的解析与数值方法 [J].

中南大学学报（自然科学版），2008，39（4）：850—855.

[157] 林拜松. 滑开型断裂的复合型脆断判据 [J]. 应用数学和力学，1985，6（11）：977—983.

[158] Bobet A，Einstein H H. Numerical modeling of fracture coalescence in a model rock material [J]. International Journal of Fracture，1998，92（3）：221—252.

[159] Bobet A，Einstein H H. Fracture coalescence in rock－type materials under uniaxial and biaxial compression [J]. International Journal of Rock Mechanics and Mining Sciences，1998，35（7）：863—888.

[160] 魏超，朱维申，李勇，等. 岩石倾斜裂隙与水平裂隙扩展贯通试验及数值模拟研究 [J]. 岩土力学，2019，40（11）：4533—4542，4553.

[161] 唐世斌，黄润秋，唐春安. T 应力对岩石裂纹扩展路径及起裂强度的影响研究 [J]. 岩土力学，2016，37（6）：1521—1529，1549.

[162] 李银平，杨春和. 裂纹几何特征对压剪复合断裂的影响分析 [J]. 岩石力学与工程学报，2006，25（3）：462—466.

[163] 郭奇峰，武旭，蔡美峰，等. 预制裂隙花岗岩的裂纹起裂机理试验研究 [J]. 煤炭学报，2019，44（S2）：476—483.

[164] 汪中林. 单轴压缩下单裂隙类岩石力学特性和破坏规律研究 [D]. 荆州：长江大学，2018.

[165] 张恒. 考虑 T 应力的岩石裂纹尖端起裂特性研究 [D]. 大连：大连理工大学，2016.

[166] 唐世斌，张恒. 岩石材料裂纹尖端起裂特性研究 [J]. 岩石力学与工程学报，2017，36（3）：552—561.

[167] 李金凤，何兆益，李修磊，等. 压缩荷载作用下考虑 T 应力影响的裂纹扩展行为特性 [J]. 水利水电科技进展，2019，39（6）：44—50.

[168] Jenq Y S，Shah S P. Mixed－mode fracture of concrete [J]. International Journal of Fracture，1988，38（2）：123—142.

[169] 王宇，李晓，武艳芳，等. 脆性岩石起裂应力水平与脆性指标关系探讨 [J]. 岩石力学与工程学报，2014，33（2）：264—275.

[170] Zhou J，Yang X，Xing H. Analytical solutions for crack initiation angle of mixed mode crack in solid material/Kietojo kuno misraus pavidalo plysio pradzios kampo analitinis nustatymas [J]. Mechanics，2013，19（5）：498—505.

[171] 王勃，张阳博，左宏，等. 压应力对压剪裂纹扩展的影响研究 [J]. 力学学报，2019，51（3）：845—851.

[172] Alneasan M，Behnia M，Bagherpour R. Frictional crack initiation and propagation in rocks under compressive loading [J]. Theoretical and Applied Fracture Mechanics，2018（97）：189—203.

[173] 刘红岩. 考虑 T 应力的岩石压剪裂纹起裂机理 [J]. 岩土工程学报，2019，41（7）：1296−1302.

[174] 卢玉斌，朱万成. 混凝土类材料翼型裂纹模型及 RFPA 数值模拟验证 [J]. 混凝土，2013（11）：32−36.

[175] 何江达，范景伟. 纯剪应力作用下岩石的 II 型断裂韧度 [J]. 郑州工学院学报，1991，12（3）：72−77.

[176] 陈淼. 断续节理岩体破坏力学特性及锚固控制机理研究 [D]. 徐州：中国矿业大学，2019.

[177] 朱传奇，殷志强，李传明. 压缩状态下张开型裂纹起裂扩展规律 [J]. 辽宁工程技术大学学报（自然科学版），2016，35（10）：1105−1110.

[178] 李存宝，谢和平，谢凌志. 页岩起裂应力和裂纹损伤应力的试验及理论 [J]. 煤炭学报，2017，42（4）：969−976.

[179] 李俊平. 矿山岩石力学 [M]. 2 版. 北京：冶金工业出版社，2017.

[180] 王超，伍永平，赵自豪，等. 三点弯曲载荷下岩体偏置斜裂隙的应力强度因子 [J]. 金属矿山，2024，(02)：114−122.

[181] 宋彦琦，史久畅，刘小珍，等. 中心裂纹类岩石材料应力强度因子测定 [J]. 科学技术与工程，2017，17（14）：281−285.

[182] Tada H，Paris P C，Irwin G R. The stress analysis of cracks handbook（Third Edition）[M]. New York：ASME Press，2000.

[183] 中科院北京力学研究所十二室断裂力学组. K_I，K_{II} 复合型三点弯曲试件应力强度因子的计算 [J]. 力学学报，1976（3）：168−173.

[184] 郑翔. 三点弯曲试件边裂纹应力强度因子计算及近似公式 [J]. 扬州工学院学报，1995，7（2）：7−14.

[185] Pan X，Huang J Z，Gan Z Q，et al. Analysis of mixed−mode I/II/III fracture toughness based on a three−point bending sandstone specimen with an inclined crack [J]. Applied Sciences，2021，11（4）：1−23.

[186] 李贵才，马德林. 直三点弯曲试样 K_I 的 MMC 解 [J]. 兵器材料科学与工程，1992，15（8）：21−26.

[187] 于骁中，张彦秋，曹建国，等. 混凝土复合型（I、II型）裂纹断裂准则的计算和试验研究 [J]. 水利学报，1982（6）：27−37.

[188] 高庆. 工程断裂力学 [M]. 重庆：重庆大学出版社，1986.

[189] 毛成，邱延峻. 沥青混凝土复合型裂纹扩展行为数值模拟 [J]. 公路交通科技，2006，4（10）：20−24.

[190] 樊蔚勋. 论复合型脆断的周向应变因子准则 [J]. 应用数学和力学，1982，3（2）：211−224.

[191] 许斌，江见鲸. 混凝土 I−II 复合型断裂判据研究 [J]. 工程力学，1995，12（2）：

13－21.

[192] 莫延英. 基于最大周向应变准则的线弹性材料纯Ⅰ型断裂机理研究 [J]. 湖北大学学报（自然科学版），2019，41（6）：614－619.

[193] 唐世斌，张恒. 基于最大周向拉应变断裂准则的岩石裂纹水力压裂研究 [J]. 岩石力学与工程学报，2016，35（S1）：2710－2719.

[194] 华文，潘鑫，淦志强，等. 基于广义最大周向应变准则的断裂特性研究 [J]. 西南石油大学学报（自然科学版），2021，43（6）：42－53.

[195] 胡振瀛. 关于复合裂纹脆性断裂理论的探讨 [J]. 重庆建筑工程学院学报，1984（3）：85－95.

[196] Whittaker B N, Singh R N, Sun G. Rock fracture mechanics：Principles, design and applications [M]. Amsterdam：Elsevier, 1992.

[197] Woo C W, Ling L H. On angled crack initiation under biaxial loading [J]. Journal of Strain Analysis, 1984, 19（1）：51－59.

[198] 邓华锋，朱敏，李建林，等. 砂岩Ⅰ型断裂韧度及其与强度参数的相关性研究 [J]. 岩土力学，2012，33（12）：3585－3591.

[199] Xeidakis G S, Samaras I S, Zacharopoulos D A, et al. Trajectories of unstably growing cracks in mixed mode Ⅰ—Ⅱ loading of marble beams [J]. Rock Mechanics and Rock Engineering, 1997, 30（1）：19－33.

[200] 赵翔，聂凯，朱涛，等. 描述复合型疲劳裂纹扩展路径的等效模型 [J]. 固体力学学报，2018，39（3）：296－304.

[201] 刘相如. 断续裂隙岩石常规三轴压缩力学行为及破坏机理研究 [D]. 徐州：中国矿业大学，2020.

[202] 王元汉，徐钺，谭国焕，等. 岩体断裂的破坏机理与计算模拟 [J]. 岩石力学与工程学报，2000，19（4）：449－452.

[203] 蒲成志. 岩体断裂与蠕变损伤破坏机理研究 [D]. 长沙：中南大学，2014.

[204] 于骁中. 岩石和混凝土断裂力学 [M]. 长沙：中南工业大学出版社，1991.

[205] 蒲成志，曹平，陈瑜，等. 不同裂隙相对张开度下类岩石材料断裂试验与破坏机理 [J]. 中南大学学报（自然科学版），2011，42（8）：2394－2399.

[206] 张伟，周国庆，张海波，等. 倾角对裂隙岩体力学特性影响试验模拟研究 [J]. 中国矿业大学学报，2009，38（1）：30－33.

[207] Wawersik W R. Detailed analysis of rock failure in laboratory compression tests [D]. Minnesota：University of Minnesota, 1968.

[208] Wawersik W R, Fairhurat C. A study of brittle rock fractures in laboratory compression experiments [J]. International Journal of Rock Mechanics & Mining Science & Geomechanics Abstracts, 1970, 7（5）：561－575.

[209] 崔柔杰，赵宇松，王永平，等. 压缩条件下不完整试样破坏机理分析研究 [J]. 矿

业研究与开发，2019，39（11）：84−90.

[210] 赵吉坤，张子明，仝兴华，等. 岩石宏细观弹塑性损伤破坏对比研究 [J]. 中国石油大学学报（自然科学版），2007，31（4）：78−84.

[211] 王燚钊，崔振东，李明，等. 三点弯曲条件下薄层状岩体单层厚度对裂纹扩展路径的影响 [J]. 工程地质学报，2018，26（5）：1326−1335.

[212] 魏炯，朱万成，李如飞，等. 岩石抗拉强度和断裂韧度的三点弯曲试验研究 [J]. 水利与建筑工程学报，2016，14（3）：128−132，142.

[213] 荣华，王玉珏，赵馨怡，等. 不同粗糙度岩石−混凝土界面断裂特性研究 [J]. 工程力学，2019，36（10）：96−103，163.

[214] 胡少伟，范向前，陆俊. 缝高比对不同强度等级混凝土断裂特性的影响 [J]. 防灾减灾工程学报，2013，33（2）：162−168.

[215] 徐道远，冯伯林，郭建中. 混凝土 II 型断裂的 FCM 和断裂能 [J]. 河海大学学报，1990，18（3）：8−14.

[216] 董宇光，李慧剑，郝圣旺. 混凝土剪切断裂能与分形维数关系的研究 [J]. 实验力学，2003，18（4）：466−472.

[217] Swartz S E, Lu L W, Tang L D, et al. Mode II fracture − parameter estimates for concrete from beam specimens [J]. Experimental Mechanics，1988，28（2）：146−153.

[218] Zhang Z X, Kou S Q, Lindqvist P A, et al. The relationship between the fracture toughness and tensile strength of rock [C] //International symposium on strength theory：Applications, Evelopment & Prospects for 21st Century. Beijing：Science Press，1998：215−223.

[219] 高洪波，徐世烺，吴智敏，等. 混凝土断裂韧度 K_{IIc} 的试验研究 [J]. 水力发电学报，2006（5）：68−73.

[220] 陈炎光，陆士良. 中国煤矿巷道围岩控制 [M]. 北京：中国矿业大学出版社，1994.

[221] 马冰. 向斜构造下动压巷道涌水注浆防治技术 [J]. 建井技术，2018，39（1）：14−16，34.

[222] 王超，杨盼盼，南童昕，等. 基于 XFEM 的煤矿巷道顶板裂隙扩展特征研究 [J]. 煤炭技术，2023，42（12）：32−37.

[223] 陈坤福. 深部巷道围岩破裂演化过程及其控制机理研究与应用 [D]. 徐州：中国矿业大学，2009.

[224] 董方庭等. 巷道围岩松动圈支护理论及应用技术 [M]. 北京：煤炭工业出版社，2001.

[225] 钱鸣高，缪协兴，许家林. 岩层控制的关键层理论 [M]. 北京：中国矿业大学出版社，2003.

[226] 张有乾. 考虑层间剪切特性复合顶板失稳机理及控制 [D]. 徐州：中国矿业大

学，2015.

[227] 李东印，常剑虹，陈立伟. 车集煤矿高应力复合顶板煤巷支护设计探讨 [J]. 煤炭工程，2008 (2)：48−49.

[228] 侯朝炯团队. 巷道围岩控制 [M]. 北京：中国矿业大学出版社，2013.

[229] 牛少卿，杨双锁，李义，等. 大跨度巷道顶板层面剪切失稳机理及支护方法 [J]. 煤炭学报，2014，39 (S2)：325−331.

[230] 钱鸣高，石平五，许家林. 矿山压力与岩层控制 [M]. 北京：中国矿业大学出版社，2015.

[231] 吕秀江. 煤巷掘进影响区动态应力响应及对动力灾害影响研究 [D]. 北京：中国矿业大学（北京），2014.

[232] 王启飞. 掘进巷道煤与瓦斯突出机理的应力演化过程研究 [D]. 北京：中国矿业大学（北京），2018.

[233] 刘鸿文. 材料力学 [M]. 北京：高等教育出版社，2002.

[234] 王崇昌. 压杆弹塑性稳定性的弹性核准则 [J]. 西安建筑科技大学学报（自然科学版），1988，20 (4)：15−24.

[235] 蒋宇静，宋振骐. 巷道顶底板岩层稳定性的极限分析法 [J]. 中国矿业学院学报，1988 (1)：19−27.

[236] 李国富. 高应力软岩巷道变形破坏机理与控制技术研究 [J]. 矿山压力与顶板管理，2003 (2)：50−52，118.

[237] 衡帅，杨春和，郭印同，等. 层理对页岩水力裂缝扩展的影响研究 [J]. 岩石力学与工程学报，2015，34 (2)：228−237.

[238] 赵增辉，马庆，高晓杰，等. 弱胶结软岩巷道围岩非协同变形及灾变机制 [J]. 采矿与安全工程学报，2019，36 (2)：272−279，289.

[239] 来兴平，伍永平，蔡美峰. FLAC 在地下巷道离层破坏非线性数值模拟中的应用 [J]. 西安科技学院学报，2000，20 (3)：193−195，217.

[240] 张国华，李凤仪，康健. 锚杆支护防错原理及锚杆合理安设方式的探讨 [J]. 黑龙江科技学院学报，2001，11 (3)：40−42.

[241] 勾攀峰，韦四江，张盛. 不同水平应力对巷道稳定性的模拟研究 [J]. 采矿与安全工程学报，2010，27 (2)：143−148.

[242] Strozzi T, Delaloye R, Poffet D. Surface subsidence and uplift above a headrace tunnel in metamorphic basement rocks of the Swiss Alps as detected by satellite SAR interferometry [J]. Remote Sensing of Environment，2011，115 (6)：1353−1360.

[243] Renshaw C E, Pollard D D. An experimentally verified criterion for propagation across unbounded frictional interfaces in brittle, linear elastic − materials [J]. International Journal of Rock Mechanics & Mining Science & Geomechanics Abstracts，2009，32 (3)：237−249.